이코노컨스트럭션

한 권으로 끝내는 건설과 주택

ECONO

이 코 노 컨 스 트 럭 션

CONSTRUCTION

박선구, 권주안 지음
대한건설정책연구원 엮음

매일경제신문사

프롤로그

건설과 주택시장을 연구한 지 15년 이상이 지났습니다. 길다면 길고, 짧다면 짧은 시간 동안 여러 연구주제에 대해 고민했습니다. 부족했지만 나름의 성과도 있었고, 다시 보기 부끄러운 결과물을 낸 적도 있습니다. 주로 책상에 앉아 논문과 보고서를 보거나, 통계나 데이터, 인터뷰를 통해 시장을 분석했습니다. 실제 현장과 현실에서 나타나는 다양한 문제점을 몸으로 직접 부딪친 경험은 부족하기에 15년이라는 시간과는 별개로 여전히 미흡한 부분이 많습니다.

길지 않은 시간이었으나, 시장은 끊임없이 변화하며 혁신을 요구하고 있다는 것을 느꼈습니다. 특히, 최근에는 변혁의 속도와 요구가 더욱 거세지고 있어 제때 대처하지 못하면 도태될 수도 있다는 위기감까지 들 정도입니다. 건설시장은 생산구조 혁신에 따라 40년 이상 유지되어온 업역이 폐지되고 업종의 변화 역시 앞두고 있습니다. 업역, 업종 간 유불리를 떠나 이전에 비해 경쟁이 더욱 거세질 것으로 예상됩니다. 그리고 주택시장은 여전히 혼란스러운 상황입니다. 6년 이상 지속된 가격상승으로 인해 주거안정이라는 목표가 훼손되고 있습니다. 부동산 정책에 대한 불신은 물론, 사회적 갈등으로까지 번지고 있습니다.

이 책은 건설과 주택시장의 정책적 대안 제시가 목적은 아닙니다. 국가 경제에서 차지하는 비중이 큰 건설과 주택시장을 소개하고, 대중의 이해를 돕기 위해 도서를 기획했습니다. 그 과정에서 자연스레 우리가 겪고 있는 다양한 문제점을 마주하게 될 것이고, 이를 바탕으로 미래의 방향성이 도출될 것으로 기대했습니다.

책을 기획하고 원고를 작성하면서 크게 3가지에 주안점을 두었습니다. 먼저 건설과 주택시장에 종사하는 분들을 포함하여 일반인들까지 볼 수 있는 도서를 만들어 보자는 것이었습니다. 가급적 쉽게 건설과 주택의 전반적인 모습을 보여주고 싶었습니다. 한 권의 책에 많은 주제를 담으려는 욕심에 내용의 깊이에는 한계가 있을 수밖에 없었습니다. 다음으로 가급적 경제적 관점에서 책을 쓰고자 했습니다. 저자들의 전공도 영향을 끼쳤겠으나, 독자들의 관심이 기술적 접근보다는 경제적 접근에 익숙할 것으로 판단했습니다. 그래서 책 제목 역시 Econo(경제)와 Construction(건설)의 합성어로 정했습니다. 마지막으로 주택시장을 별도 Part로 구성하고자 했습니다. 건설시장으로 바라보면 주택은 토목과 건축에 있는 세부 시장 중 하나입니다. 그렇지만 주택에 대한 국민적 관심사가 그 어떤 시장보다 크기에 별도로 분리하는 게 좋다고 생각했습니다. 이는 부담이기도 했습니다. 우리 국민 모두가 주택시장 전문가이기 때문입니다.

도서는 크게 4개 Part로 구성했습니다. Part 1은 건설업의 정의로 시작해 그간의 역사와 우리나라 건설업의 경쟁력을 알아보았습니다. Part 2에서는 경제적 관점에서 건설업을 설명했습니다. 핵심 생산요소인 노동과 자재부터 경기변동, 인플레이션, 자금조달 등에 있어 건설업의 현재 모습과 변화 과정을 살펴봤습니다. Part 3은 건설업에서 가장 큰 비중을 차지하는 주택시장의 수요와 공급, 가격문제를 포함해 도시문제까지 담고자 했습니다. 주택가격에만 초점을 두지 않고 빈집 문제 등 근본적인 고민을 나누고자 노력했습니다. 마지막으로 Part 4에서는 건설업의 바람직한 미래를 위해 업계의 반성과 함께 새로운 변화의 모습을 담아보고자 했습니다. 이는 산업의 지속가능성 측면에서 가장 중요하기 때문입니다.

《이코노컨스트럭션(Econo-Construction)》은 제가 근무하고 있는 대한건설정책연구원의 15주년 기념도서로 기획되었습니다. 도서를 기획하고 원고를 집필하기까지 8개월 정도의 시간이 소요됐습니다. 길지 않은 시간 내에 마칠 수 있었던 것은 그간 연구원 내 많은 분들이 축적한 연구가 있었기 때문에 가능한 일이었습니다.

부족한 능력에도 집필할 기회를 주신 유병권 원장님을 비롯하여 모든 연구원 구성원분들께 감사드립니다. 특히, 공동으로 도서 집필을 담당해 주신 주택분야 최고 전문가이신 권주안 박사님께도 고마운 마음을 전합니다. 혼자서 감당하기 어려운 작업을 함께해 주셔서 가능했습니다. 그간 건설시장 연구에 있어 많은 아이디어와 도움을 주신 대한전문건설협회와 전문건설공제조합 임직원께도 감사드립니다. 시장을 공정하게 바라볼 수 있도록 많은 대안을 주셨습니다. 매경출판 관계자분들께도 감사의 인사를 드립니다. 출판까지 시간적으로 넉넉하지 않았으나, 편집과 디자인에 많은 신경을 써주셨습니다.

건설업은 우리가 생각하는 것보다 훨씬 규모가 크고 복잡합니다. 직간접적으로 연관된 산업이 많고, 다양한 이해관계자가 존재합니다. 수요독점 산업이다 보니 발주자의 영향이 매우 크며, 정부 정책도 시장에서의 파급력이 강합니다. 노동, 자재, 기술, 경영 등 생산요소도 단계별로 촘촘하게 자리 잡고 있습니다. 모든 분야와 내용을 이 책에 포함하지 못했으나, 건설과 주택시장의 전반적인 상황과 미래 모습을 담고자 노력했습니다.

하루에도 수십 수백 권의 책이 쏟아져 나오고 있습니다. 모든 책이 주목을 받을 수는 없겠으나, 개인적 바람은 이 책이 건설시장과 주택분야에 관심 있는 분들의 입문서로 추천되는 도서가 되었으면 좋겠습니다.

감사합니다.

2021년 11월
대표저자 **박선구**

목차

Part 3.
떼려야 뗄 수 없는 건설과 주택시장

Part 4.
건설, 그리고 미래

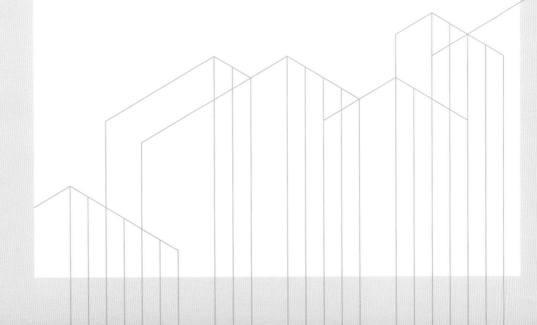

PART 1.

우리는
건설업을 얼마나
알고 있을까?

건설업
쉽게 이해하기

우리의 삶을 윤택하게 하는 '건설산업'
프랜차이즈 커피숍보다 많은 건설업체
건설업의 특성, 복잡한 생산구조의 산업
수백조 원을 넘나드는 건설시장의 규모
건설산업, 유망산업이라 말할 수 있을까?

[코너]
한눈에 알아보는 건설투자

1장 | 건설업 쉽게 이해하기

우리의 삶을 윤택하게 하는 '건설산업'

건설업을 제대로 이해하기 위해서는 우선 건설산업이 구체적으로 무엇인지에 대한 이해가 필요하다. 그런데 '건설산업이란 무엇인가?'라는 간단한 질문에 한마디로 답하기란 쉬운 일은 아니다.

우리는 일상생활 속에서 어떤 형태로든 건설과 관련한 곳에서 생활하고 또 마주하고 있다. '집'이라는 공간에서 하루를 시작하고 마감하며, 직장생활을 하는 '빌딩'에서 하루의 8시간 이상을 보낸다. 또 출근하기 위해, 혹은 친구를 만나기 위해 지하철이나 자가용을 이용하며 수많은 '토목시설물'을 거쳐 가기도 한다. 주말에는 조경시설물인 '공원'에서 가족과 오붓한 시간을 보내고, '고속도로'를 이용해 나들이를 다녀온다. 그리고 지금 당신이 이 책을 읽고 있는 공간 역시 건축물일 것이다. 이렇듯 토목과 건축으로 대표되는 건설은 우리의 일상생활과 떼려야 뗄 수 없는 관계다.

그렇다면 건설은 우리가 삶을 영위하는 공간, 즉 일상생활의 한 부분이라는 속성을 도출해낼 수 있다. 하지만 이것만으로 건설을 정의하기에는 무언가 부족해 보인다.

우선 건설의 법적 정의를 살펴보자. 건설산업은 법적으로 건설업과 건설용역업을 포함하는 개념이다. 여기에서 건설업은 시공을 담당하는 산업을 말하며, 건설용역업은 설계와 감리 등을 수행하는 산업을 의미한다.

시공을 하는 건설업은 다시 종합건설업과 전문건설업으로 구분한다. 종합건설업은 5개 업종이 있으며, 전문건설업은 29개의 업종이 있다. 통계청에서 구분하는 산업분류표에 따르면 건설업은 더욱 복잡하게 구분된다. 종합건설업을 건물건설업과 토목건설업으로 나누고, 전문건설업은 기반조성, 시설물 축조, 건물설비 설치, 전기, 통신공사업 등으로 구분한다. 이뿐만이 아니다. 한국은행에서 발표하는 산업연관표의 건설업 분류는 또 다른 형태로 구성되어 있다. 여러 기준으로 구분되는 건설업을 하나하나 설명하다 보면 이 책의 절반 이상을 차지할 정도로 복잡하게 구성된다.

건설업의 종류

종합건설업: 종합적인 계획, 관리 및 조정 역할을 하는 건설업체로 법률에서는 원도급자, 수급인으로 불린다. 우리가 통상적으로 알고 있는 현대건설, 삼성물산, GS건설 등이 종합건설업체다.

전문건설업: 시설물의 일부 또는 전문분야에 관한 공사를 시공하는 건설업체로 하도급자, 하수급인으로 불린다. 가령 현대건설이 힐스테이트라는 아파트를 지을 때, 각 공종별 수십 개의 전문건설업체가 참여한다.

건설산업의 구성

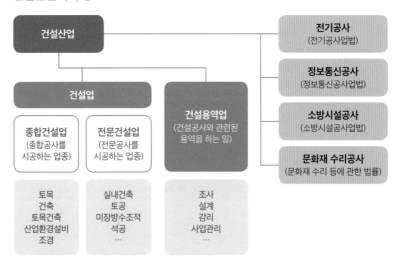

자료: 이승복 외(2016), 건설시장여건 변화에 대응한 건설업체계 합리화 방안 연구

일상생활과 관련지어 보면 건설산업이라는 것이 매우 간단히 분류될 듯도 한데, 법적 개념으로는 왜 그렇게 복잡하게 구분되어 있을까?

아마도 건설업이 우리의 삶과 밀접한 관련이 있고, 국가경제에서 차지하는 부분이 그만큼 크고 중요하기 때문일 것이다.

실제로 건설산업은 국가 발전의 핵심 토대를 구축하고 견인하는 역할을 충실히 해왔다. 1950년대 전쟁으로 폐허가 된 우리나라는 각종 기반시설 구축, 주택과 수많은 건축물의 건설을 통해 양적, 질적 성과를 이룩했다. 우리나라를 지금의 선진국 반열에 올려놓은 원동력의 중심에 건설산업이 있었다는 사실은 누구도 부인할 수 없다. 그리고 건설산업이 국가경제에서 차지하는 비중이 매우 크다는 점 역시 자주 언급된다. 지금도 건설투자가 GDP에서 차지하는 비중이 15%에 육박하고, 시대의 변화에 따라 건설업도 변화와 혁신을 거듭하고 있어 앞으로도 건설산업이 국가경제에서 중요한 일부분을 담당할 것으로 예상된다. 우리나라는 내수시장이 작아 결국 투자 중심의 성장이 불가피하며, 건설투자는 시대를 불문하고 그 대안적인 산업으로 발전할 가능성이 크다.

다시 '건설산업이란 무엇인가?'라는 질문으로 돌아가보자. 건설업은 법률과 전문서적에서 매우 복잡하게 구성되어 있는 개념이지만, 우리 일상생활 모든 곳에 존재하며 인간의 삶을 윤택하게 해주는 산업임은 틀림없다. 또 건설업은 우리나라의 경제발전기에 국가경제 발전의 원동력이 되어 왔다. 앞으로 그 비중이 줄지 모르나 그 중요성은 변치 않는다는 점은 충분히 알 수 있다. 이런 점을 고려해 건설업을 다음과 같이 정의하면 쉽게 이해할 수 있을 것 같다.

'건설은 우리의 삶과 공간, 일상을 풍요롭게 해주는 모든 것이다.'

GDP에서 건설투자가 차지하는 비중

GDP는 지출측면으로 살펴보면 소비, 투자, 정부지출, 순수출로 이루어지며, 투자는 다시 건설투자, 설비투자, 지식재산물투자로 구성된다. 건설투자는 매년 조금씩 그 비중이 변동하고 있으나, 최근에 와서는 15% 내외의 비중을 차지한다.

프랜차이즈 커피숍보다 많은 건설업체

우리나라에는 얼마나 많은 건설업체가 있을까? 건설업에 종사하지 않는 사람들에게 이 질문을 던진다면 아마도 수백, 수천 개의 건설업체가 있을 것이라고 답할지도 모른다. 우리가 일반적으로 알고 있는 건설업체는 주로 아파트를 짓고 있는 수십 개의 건설사에 불과하고, 주식투자에 관심이 있는 사람들도 주식시장에 상장된 건설사가 50개 남짓이니, 그 수도 얼마 되지 않으리라 생각하는 경향이 있다.

2021년 1분기 기준, 우리나라 건설업체는 약 8만 개에 육박한다. 종합건설업체가 1만 개가 넘고 전문건설업체는 6만여 개나 된다. 자장면을 시킬까, 짬뽕을 시킬까 고민하게 하는 중국집이 2만 개이고, 국민 간식인 치킨집이 전국에 3만 개가 채 되지 않으며, 10대 프랜차이즈 커피숍이 1만 개 정도이니, 8만 개의 건설업체가 얼마나 많은 수인지 실감할 수 있을 것이다. 우리나라 인구를 5천만 명이라고 가정하면, 625명당 1명이 건설업체 사장님이다. 여기에다 건설업체별 상시 직원을 10명이라고만 가정해도 우리나라 사람 60명당 1명은 건설업체 직원인 셈이다.

그런데 여기서 끝이 아니다. 주택업체, 전기공사업체, 정보통신공사업체, 소방공사업체까지 포함하면 10만 개를 훌쩍 넘어선다. 법적인 등록기준을 충족한 정식 건설법인이 10만 개가 넘는다는 의미다. 인테리어나 가벼운 보수작업을 담당하는 무등록 사업체까지 포함하면 그 수가 15만 개, 20만 개일지 가늠할 수 없을 정도로 많다.

특정 산업에 많은 사람과 자원이 몰린다는 것은 분명 그 산업이 유망하기 때문이라고 설명할 수 있다. 곰곰이 생각해보자. 우리가 대학에 진학하면서 전공을 선택할 때의 기준은 무엇이었는가? 누군가는 수능 점수에 맞춰 자신의 적성과 사회적 트렌드를 고려하지 않은 선택을 했을 수도 있지만, 대부분의 사람들은 자신의 적성에서 크게 벗어나지 않는 범위 내에서 유망한 분야, 혹은 취업이 잘 되는 전공을 선택했을 것이다.

건설업체 수
종합건설업: 14,000개
전문건설업: 65,000개
주택건설업: 9,600개
전기공사업: 16,000개
정보통신공사업: 11,300개
소방시설공사업: 5,700개

그렇다면 건설업체가 이토록 많다는 것은 지속가능하고, 선호되는 유망한 산업이기 때문일까? 이 질문에 자신 있게 Yes라고 대답하기는 쉽지 않다. 왜냐하면 현재 우리나라는 도시화가 진행되고 기반시설이 구축되던 개발도상국 시절에 비해 건설업에 대한 수요가 현저히 줄었기 때문이다. 또한 건설산업에 대한 이미지도 과거에 비해 부정적이다. 디지털경제, 비대면 산업이 주요 트렌드로 자리 잡은 오늘날, 건설업은 어쩌면 시대에 뒤처진 구식 산업이라는 느낌도 지울 수 없다.

그럼에도 불구하고 연간 건설투자 금액은 여전히 상당한 수준이다. 2020년 기준 우리나라 건설투자액은 260조 원이 넘는다. 기업당 평균 매출을 30억 원으로 가정하더라도 9만 개에 가까운 건설업체가 필요하다는 계산이 나온다.

건설업의 특성, 복잡한 생산구조의 산업

모든 산업은 각자 고유한 특성이 있기 마련이다. 각 산업은 그러한 특성으로 인해 독특한 산업구조와 시장형태를 보인다. 예를 들어 전기를 생산하는 전력산업은 기술장벽이 높고 공공성을 띠고 있어 독점적으로 운영된다. 금융산업은 대규모 자본이 필요하기 때문에 진입장벽 자체가 매우 높다. 자연스레 소수의 기업만이 참여하는 과점형태를 보인다. 제조업은 그 종류가 매우 다양하지만, 일반적으로 다수의 기업이 생산에 참여하는 독점적경쟁 시장이다. 제품 공급자는 다양하나, 상품의 질과 가격에서는 서로 차이가 있다.

건설업도 타 산업과는 다른 건설업만의 특성을 보이고 있다. 건설업을 이해하기 위한 몇 가지 대표적인 특성을 알아보자.

우선 건설업은 주문생산 방식의 산업으로 '선계약-후생산' 구조를 보인다. 또한 주문에 의한 개별 생산이기 때문에 일반 소비자나 특정 수요자를 상정한 상설 생산시스템을 갖추기 곤란하다. 이러한 특성으로 인해 건설업의 경영은 기본적으로 불안정할 수밖에 없다.

디지털경제란?
인터넷을 기반으로 이루어지는 모든 경제활동을 말한다. 코로나19 팬데믹으로 온라인 기반의 시장은 더욱더 빠르게 확대되고 있으며, 세계를 광속 경제와 국경 없는 경쟁체제로 변화시키고 있다.

거래비용

Ronald Coase의 〈기업의 본질(The Nature of the Firm)〉에서 제기된 이론으로 동일한 업무를 기업 안에서 처리할 때의 조직관리 비용과 기업 밖에서 처리할 때의 거래비용을 비교하여, 해당 업무를 내부 조직에서 직접 수행할지 아니면 외부와의 거래를 통하여 수행할지를 결정하는 이론

덤핑수주

사전적으로 덤핑은 생산비보다 낮은 가격에 상품을 파는 일을 말한다. 건설공사에서도 지나치게 낮은 금액으로 공사를 진행하는 기업들이 있는데, 이를 덤핑수주라고 한다. 건설공사를 맡기는 발주자 입장에서는 공사비가 가장 중요한 기준이 되기에 낮은 공사비를 제시하는 기업에 공사를 맡기게 된다. 그러나 무리한 덤핑수주는 건설업체는 물론 공사 자체가 부실화될 가능성이 커서 결과적으로 모두에게 해악을 끼치게 되는 경우가 많다.

그리고 건설업은 복잡한 생산구조로 되어 있다. 수평적인 전문생산구조와 수직적인 중층적 하도급구조를 동시에 지니고 있다는 의미이기도 하다. 이는 고정비용을 최소화하기 위해 외주를 통한 생산이 절대적인 비중을 차지한다는 것이다. 이러한 이유로 분업이 그 어떤 산업보다 촘촘하게 이루어진다. 그래서 단일 기업은 생산에 필요한 인력과 기술 및 생산요소를 모두 보유할 필요가 없고, 모든 공정을 개별 기업이 단독으로 수행하지는 않는다. 즉, 계약을 통한 외주화의 거래비용이 조직을 통한 생산보다 작음을 의미한다.

또한, 건설업은 대규모 시설이나 고도의 기술이 필요하지 않은 소액 공사가 많아 적은 자본과 낮은 기술로도 시장진입이 용이하다. 그래서 시장경쟁 강도가 매우 강한 편에 속한다. 수주경쟁력을 확보한 일부 대형건설업체는 시공력 및 시장인지도를 바탕으로 상당한 수준의 고유영역을 확보하고 있지만, 대다수의 중소건설업체는 기업 간 차별화가 적고 경쟁도 매우 치열하다. 이러한 이유로 인해 입찰경쟁에서 저가, 덤핑수주에 대한 유혹이 크다.

마지막으로 건설업은 사회간접자본을 생산하는 등 공공재로서의 인식이 강하기 때문에 정부의 규제와 시장개입이 크게 작용한다. 건설업의 필수 생산요소인 토지 역시 용도와 도시계획에 따라 사용이 제한된다. 그래서 정부 정책 변화에 따라 업황의 변동가능성이 큰 편이다.

건설업의 여러 특성 중 다른 산업과 가장 큰 차이를 보이는 특성은 건설이 복잡한 생산구조로 이루어진다는 점이다. 이러한 특성으로 하나의 건설현장에서도 다양한 건설업체가 참여한다. 건설공사 초기에는 철거작업과 해체가 필요하며, 이후 땅을 다지는 기초작업을 수행한다. 철근, 레미콘으로 뼈대를 완성하면 각종 설비가 추가되고, 실내건축 작업을 통해 마무리한다. 모든 과정을 한 건설업체에서 담당할 수가 없기에 단계별로 각각 전문적인 공사를 수행하는 기업이 참여하게 된다. 일반적으로 아파트 공사를 위해 참여하는 건설업체는 30개가 넘는다.

수백조 원을 넘나드는 건설시장의 규모

국가경제의 중요한 축인 건설산업은 앞서 설명했듯이 그 산업에 종사하는 사람들도 많을 뿐만 아니라, 수많은 건설업체가 존재한다. 많은 사람들이 종사하고 관련된 기업도 많다면 시장의 규모도 상당히 클 것이라 짐작할 수 있다. 과연 건설시장의 경제적 규모는 어느 정도일까?

건설시장에는 많은 기업이 분업을 통해 다양한 형태로 참여하고, 공사기간도 짧게는 수개월에서 길게는 수년에 걸쳐 이루어지는 경우가 많다. 이러한 건설업의 특성으로 인해 그 규모를 단일적인 잣대로 산정하기는 매우 어렵다. 또한 시장규모로 볼 수 있는 다양한 경제학적인 개념도 존재하기에 어떤 것을 기준으로 따지느냐에 따라 건설산업의 시장규모는 달리 평가될 수 있다.

시장규모를 산정할 때, 개별 기업 입장에서는 '매출액'이 있으며, 발주자로부터 공사 체결이 이루어지는 '계약액(수주액)'이 있다. 그리고 실제 공사 진행에 따라 대금 수령을 기준으로 하는 '공사액(기성액)'도 있다. 어떠한 지표를 활용하느냐에 따라 그 규모가 100조 원 이상 차이 날 수도 있다. 조사기관마다 차이도 무시할 수 없다. 이는 조사대상이 상황에 따라 다르기 때문에 발생하는 것인데, 가령 건설업체가 공사수행이라는 고유한 본연의 업무 이외에 철근을 가공, 유통하는 사업을 함께 하고 있다면, 조사기관에 따라서는 매출액을 기준으로 이를 건설업에 포함하기도 하고 제조업에 포함하여 통계를 작성하는 경우도 있다.

여기서는 국가의 공식적인 수치인 통계청에서 발표하는 '건설업조사 보고서'의 공사액(기성액)을 중심으로 건설시장 규모를 살펴보겠다. 일반인들에게 그나마 친숙한 통계지표가 '건설투자'인데, 통계청에서는 이를 건설공사액을 기준으로 산정한다.

2019년 기준 건설공사액은 294조 원이며, 이중 국내 공사액이 265조 원으로 90%를 차지하며, 해외공사액은 29조 원으로 10%를 차지한다. 해외공사액의 경우 2010년 대규모 해외수주로 인해 2015년

건설공사액

지역별 건설공사액

공종별 건설공사액

등록업종별 건설공사액

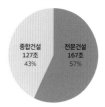

자료: 통계청

까지 전체 건설공사액에서 차지하는 비중이 20%를 상회하였으나, 최근 들어 지속해서 줄어들고 있다.

국내 건설공사액을 주요 공종별로 구분해서 살펴보면, 건축부문이 192조 원으로 72%를 차지하며, 가장 높은 비중을 보인다. 여기에는 아파트와 같은 주거용건물과 상업용 오피스, 물류센터와 같은 비주거용건물이 포함되어 있다. 다음으로 도로, 철도, 댐과 같은 토목공사가 40조 원으로 15%를 차지한다. 건설공사액은 공공과 민간 발주자별로도 구분되는데, 통상적으로 민간이 70% 이상을 차지하고 공공이 30% 이하로 구성된다. 또한 종합건설과 전문건설업으로 나누어 살펴보면 종합건설업이 127조 원, 전문건설업이 167조 원의 시장점유율을 보인다.

이처럼 건설산업은 그 규모와 위상이 상당하다. 연간 건설공사액이 300조 원에 육박하고, 건설업체 숫자만 8만 개다. 건설업 종사자는 200만 명에 이른다. 이를 보면 건설산업이 단일 산업 중 최대규모라는 말에 수긍이 될 수밖에 없다.

전문건설업
통계청 건설업조사는 전문건설업을 전문직별 공사업으로 표현하며, 여기에는 전기, 정보통신, 건설장비 운영업까지 포함하여 설명하고 있다.

건설산업, 유망산업이라 말할 수 있을까?

건설업의 장기전망을 판단할 때, 자주 활용되는 연구들이 몇 가지 있다. 주로 이들 연구는 실제 많은 국가들의 소득과 건설투자 비중을 바탕으로 그 추이를 분석하여 설명한다.

대표적으로 Kuznets(1961), Burns(1977), Bon(1992) 등은 소득과 건설투자 비중이 '역 U자 형태'라 주장하였다. Kuznets는 1인당 소득과 건설투자가 역 U자 형태의 함수라고 주장했고, Burns는 소득과 주택투자 수준이 역 U자 관계임을 언급하였다. Bon은 저개발국(LDC), 개발도상국(NIC), 선진국(AIC)의 건설규모를 설명하면서 선진국의 경우 건설투자 비중이 시간이 지날수록 감소한다고 했다. 이들의 주장을 받아들인다면 소득수준이 선진국 수준으로 증가한 우리나라의 경우, 향후 건설시장 규모는 지속적으로 하향할 것으로 예상된다.

이 같은 주장이 정설로 받아들여지다, 2010년 이후 소득과 건설투자의 관계에 대해 다양한 주장이 제기되면서 인식의 전환이 이루어지고 있다. Choy(2011)는 78개국 자료를 바탕으로 소득과 건설투자 관계는 역 U자 곡선이 횡보하면서 긴 꼬리 형태로 나타남을 증명하였다. Gruneberg(2010)는 건설 인프라시장은 역 U자 곡선이 아닌 벨모양으로, Bon Curve의 일부 수정이 필요하다고 주장했다. 이는 건설투자의 경우 선진국 진입 이후에도 일정 수준 이상을 유지할 수 있다는 점을 시사하고 있다.

소득과 건설투자의 관계에 대한 이론

Share of Construction in GNP
GNP 중 건설부문의 비중

자료: R. Bon(1992),
'The Future of International Construction'

Share of infrastructure in GNP

자료: S. Gruneberg(2010),
'Does the Bon curve apply to infrastructure markets?'

실제로 건설업은 사회기반시설 구축, 도시화 등에 따라 산업화 과정에서 그 역할과 비중이 폭발적으로 증가하고, 소득이 선진국 수준으로 올라서고 도시화가 진전되면 그 비중이 축소되는 것이 일반적이다. OECD 국가들의 소득 수준별 건설투자 비중을 살펴보면 Choy, Gruneberg의 주장과 유사한 형태로 나타나고 있다. OECD 국가들의 건설투자 비중은 소득수준이 1만 5천 달러 이후 감소하다가, 3만 달러 이후 긴꼬리 형태를 보여주고 있으며, 오히려 3만 달러에서 4만 달러 사이에는 건설투자 비중이 증가하는 구간이 발견되기도 한다.

우리나라의 경우를 살펴보자. 한국의 GDP 대비 건설투자 비중은 1991년 29.5%로 정점을 기록한 이후 최근까지 지속적으로 하락하여 2020년에는 14.3%로 축소되었다. 전체적으로 OECD 국가들과 유사

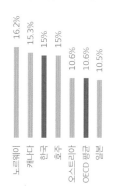

OECD 국가들의 GDP 대비
건설투자 비중(2018년 기준)

한 형태로, 소득수준이 증가함에 따라 역 U자 형태를 보이다가 긴꼬리 형태로 나타나고 있다. 다만, OECD 국가의 경우 1만 5천 달러 이후 감소세로 전환된 데 비해, 우리나라는 1만 달러 이후 건설투자 비중이 감소하고 있다. 또한 2019년 기준 GDP에서 건설투자가 차지하는 비중이 14.3%로 OECD 국가 평균 10.6%에 비해 소폭 높은 수준이다.

2000년 이후 건설투자 비중은 점진적으로 조정되었음에도 불구하고, 우리나라의 GDP 대비 건설투자 비중은 OECD 국가 평균에 비해 높은 수준임은 틀림없다. 이는 우리나라의 성장전략에서 그 원인을 찾을 수 있다. 우리는 전통적으로 투자활성화를 통한 경제성장 전략을 추구해왔다. 그래서 건설투자와 더불어 설비투자의 비중이 상당히 높은 수준을 유지하고 있는 것이다. 국가별 경제구조와 산업 경쟁력이 서로 다른 만큼 GDP 대비 적정 건설투자 비중을 바탕으로 향후 긴설시장이 축소되리라 판단하는 것은 무리가 있다.

향후 건설시장 규모는 장기적으로 둔화할 가능성이 크나, 그 속도는 매우 느리게 진행될 것으로 예상된다. 인프라 구축, 도시화의 진전 등 건설자본스톡이 성숙단계에 진입하여 건설시장 성장세의 일부 둔화는 불가피하다. 저성장의 고착화에 따라 투자가 감소할 가능성도 크다. 저출산·고령화 등 인구구조의 부정적 변화 역시 건설시장 감소의 요인이 된다.

그러나 부정적 요인만 존재하는 것은 아니다. 건축물의 노후화, 안전의식 강화 등으로 유지보수시장이 크게 증가할 것이기 때문이다. 유럽 건설시장은 이미 신축시장에 비해 유지보수시장의 비중이 큰 상황이다. 우리나라 역시 공동주택과 국가기반시설의 노후화가 빠르게 진행되고 있다.

그리고 사회인프라에 대한 수요 역시 증가하고 있다. 그간 건설산업이 교통, 물류, 항만 등 경제인프라에 집중되어 있었다면, 이제는 교육, 의료, 문화 등 사회인프라가 건설시장의 핵심 성장동력이 될 가능성이 커졌다. 이 뿐만 아니라, 기술혁신에 따른 건설 신수요도 건설시

유지보수시장
우리나라의 경우 건설시장에서 유지보수시장이 차지하는 비중에 관한 구체적인 데이터가 없는 반면, 유럽은 유지보수시장의 비중이 전체 건설시장의 51.5%를 차지하는 것으로 조사되었다.

장의 새로운 먹거리가 될 수 있다.

건설업은 지금까지 그래왔듯이 미래에도 중요한 국가 산업으로 자리하고 있을 것이다. 그러나 건설산업 내 구성원들이 미래 환경변화에 어떻게 대처하느냐에 따라 성패가 좌우될 수는 있다. 결국, 유망산업이 되느냐 쇠퇴산업으로 몰락하느냐의 문제는 변화와 혁신에 대한 건설산업 종사자들의 의지에 달려 있다고 봐야 한다.

중장기 건설투자 감소 논리	중장기 건설투자 유지/증가 논리
저성장 고착화에 따른 경제 여건 변화 ↓ 장기 저성장에 따른 투자 감소	노후 시설물 증가에 따른 유지보수시장 성장 ↓ 유지보수 투자 수요 급증
저출산/고령화 등 인구구조 변화 ↓ 생산가능인구 감소에 따른 건설수요 감소	삶의 질 향상을 위한 건설 복지수요의 증가 ↓ 교육, 의료, 문화 등 사회인프라 수요 증가
국가재정 운용계획 등 건설투자 중요성 감소 ↓ 정부부문 건설투자 여력 감소	4차 산업혁명 등 기술혁신 진행 ↓ 건설 융복합, 기술혁신에 따른 신수요 증가
건설자본스톡 비중 선진국 수준 도달 ↓ 성숙기에 따라 건설자본스톡 추가 투입 제한	남북협력 지속 및 통일 변수 ↓ 중기 건설투자 수요 급증

한눈에 알아보는 건설투자

건설투자는 건설산업 지표나 통계에서 가장 많이 언급된다. 우리나라 GDP에서 건설투자가 차지하는 비중을 알아보자.

2020년 기준 국내총생산에 대한 지출 계정을 살펴보면, 우리나라 GDP는 1,831조 원으로 나타나고 있다. 이중 소비는 1,167조 원(민간 847조 + 정부 320조)이며, 투자는 550조 원에 이른다.

투자는 건설투자, 설비투자, 지식생산물투자로 구분하는데, 이중 건설투자가 가장 많은 263조 원으로 GDP 대비 14.3%를 차지한다.

건설투자 비중은 시기별로 다르게 나타난다. 기반시설이 구축되고 주택공급이 급증하던 시기 건설투자 비중은 매우 높게 나타날 수밖에 없기 때문이다. 1990년대 초에는 건설투자가 GDP에서 차지하는 비중이 30%에 육박했다. 그러나 이후에는 지속해서 내림세를 보이며, 최근에는 10% 중반대까지 감소했다.

시간이 흐르며 소득이 높아질수록, 건설투자 비중은 서서히 감소하는 경향이 있다. 실제로 건설투자 성장률은 1960년대 22.5%, 1980년대에는 12.9% 증가했으나, 2010년 이후에는 1.8%로 경제성장률에 비해 낮은 수준을 보인다.

GDP 구성 비중(2020년 기준)

| GDP 1,831조 (100.0%) | = | 민간소비 847조 (46.2%) | + | 정부소비 320조 (17.5%) | + | 건설투자 263조 (14.3%) | + | 설비투자 164조 (9.0%) | + | 지식투자 122조 (6.7%) | + | 순수출 104조 (5.7%) |

GDP와 건설투자 추이 및 비중 (2020년 기준)

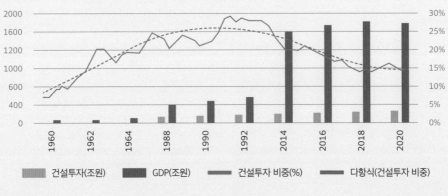

범례: 건설투자(조원) · GDP(조원) · 건설투자 비중(%) · 다항식(건설투자 비중)

자료: 한국은행

우리나라 건설산업의 전성시대

언제나 존재했던 건설산업
건설산업의 발자취
한강의 기적, 건설산업의 전성기

[코너]
개발도상국의 효자산업, 건설업!
"앞으로 주목할 나라, 신남방 국가의 허브 - 베트남"

2장 | 우리나라 건설산업의 전성시대

언제나 존재했던 건설산업

건설산업이 언제부터 존재했을까? 그 시작은 무엇이었을까? 어쩌면 이러한 질문은 의미 없을지도 모른다. 건설산업은 인류문명과 함께 시작되었기 때문이다. 건설업은 의식주(衣食住) 중 하나를 책임지고 있기에 농업만큼이나 중요한 위치에 있었을 가능성이 크다. 작게는 백성이 살아갈 집부터 크게는 왕궁까지 건설했다. 수많은 사찰이 지어졌으며 대규모 백성을 동원한 토목사업도 많았다. 지금과 비교하는 것은 무리가 있지만, 기술적으로도 크게 부족함이 없었다. 천년이 훌쩍 넘은 사찰이 여전히 건재하고 있으며, 건축양식도 안정적이고 세련되기까지 하다.

지금은 흔적만 남아있지만, 고려시대에는 10여 년에 걸쳐 천리장성을 축조했다. 조선을 개국하며 한양으로 천도할 때는 새로운 수도를 만들기 위해 종묘사직, 궁궐, 도성, 청계천 개수공사 등 토목사업이 빈번했다. 이렇게 우리나라 역사의 흐름에 맞춰 건설업을 바라보면, 건설업이 더욱 흥미롭게 느껴질 것이다.

조선의 뉴딜정책
영조(1760년)는 한양으로 몰려든 농촌인구의 실업구제와 홍수대비를 위해 청계천 일대의 준설공사를 대대적으로 실시하였는데, 이때 동원된 인원이 57일간 21만 명이나 된다고 한다. 예나 지금이나, 국가를 통한 대규모 건설공사는 자주 있었다.

건설산업의 발자취

광복 이후, 대한민국 정부를 수립하기까지 3년간 미군정기를 거쳤다. 이 시기에는 대부분의 재정을 미국의 원조에 의존할 수밖에 없었다. 원조는 소비재를 중심으로 제공되는 긴급구호의 성격을 띠었다. 그래서 주택공급이나 기반시설의 확충은 어려웠고, 미군의 막사 신축이나 긴급한 필수 시설의 정비나 보수 정도를 할 수 있었다.

아이러니하게도 건설업이 성장할 수 있었던 밑바탕에는 한국전쟁이 있었다. 전쟁은 그나마 남아있던 산업시설과 주택을 한순간에 집어삼켰다. 네이산 보고서에 따르면 전쟁기간 동안 공업시설의 43%, 발전시설의 41%, 탄광시설의 50%가 파괴된 것으로 추정된다. 건설업은 전쟁으로 인해 황무지가 되어 버린 땅을 복구하는 '전쟁 복구'라는 특수한 요인을 발판삼아 급속한 발전을 이루었다. 1953년부터 63년까지 10년간 건설업의 평균 성장률은 9.8%였다. 이는 전 산업 성장률 4.8%의 2배가 훌쩍 넘는 수치이다.

건설업이 본격적으로 도약한 것은 산업 근대화를 주창하며 시행된 '경제개발 5개년 계획'이 발표된 1960년대부터다. 건설업은 제1차 경제개발계획(1962~1966) 기간에 연평균 17.3% 성장했다. 제2차 경제개발계획(1967~1971) 시기에는 19.7%로 성장세가 확대되었다. Catch up effect가 작용했다는 것을 고려해도 이 성장률 수치는 실로 놀랍다.

이 시기에는 사회간접자본(SOC)과 같은 기반시설에 대한 투자가 급증했고, 하천을 정비하거나 공업단지, 댐, 철도, 고속도로를 만들었다. 대표적으로 경인고속도로와 경부고속도로가 이 기간에 만들어졌다. 수도권 철도가 확충되었고, 전국적으로 철도시설의 개량과 연장, 신설이 이루어졌다.

네이산 보고서

1950년 12월 전쟁으로 인해 폐허가 된 한국의 경제를 재건하기 위해 설립된 유엔 한국재건단(UNKRA)은 미국의 경제전문가 로버트 R. 네이산에게 한국의 경제에 관한 조사를 의뢰하였다. 1954년 완성된 네이산 보고서는 '한국경제 재건계획'이 포함되어 있어 우리나라 최초의 경제개발 5개년 계획이라는 평가를 받기도 한다. 또한 네이산 보고서에는 1950년대 한국의 GNP 추계가 수록되는 등 50년대 전쟁 이후 우리나라의 상황을 확인할 수 있는 귀한 자료다.

Catch up effect (따라잡기 효과)

경제 개발의 초기 상태에서는 고도 경제성장이 가능해 다른 나라를 따라잡기 쉬운 반면, 경제가 발전할수록 성장률이 낮아져 자국보다 앞선 나라와의 격차를 좁히기가 어려워지는 현상. 즉, 건설업 역시 초기에는 고도성장이 가능하나, 그 규모가 커질수록 성장률은 낮아질 수밖에 없다는 의미

1960년대가 건설업의 도약기라면 70년대부터 80년대 초반까지는 본격적으로 발전의 궤도에 오른 시기로 볼 수 있다. 제3차 경제개발 5개년 계획(1972~1976)과 제4차 경제개발 5개년 계획(1977~1981)이 지속해서 추진

자료: 서울역사아카이브(1968년 여의도 윤중제)

국토종합계획
헌법과 국토기본법에 근거한 최상위 국가공간계획.
제1차 국토종합계획
(1972년~1981년)
제2차 국토종합계획
(1982년~1991년)
제3차 국토종합계획
(1992년~2000년)
제4차 국토종합계획
(2000년~2020년)
제5차 국토종합계획
(2020년~2040년)

됐으며, 추가로 제1차 **국토종합계획**(1972~1981)이 실행되었다. 중화학공업 육성, 국가기반시설 확충, 4대강 종합개발, 주택건설에 박차를 가했다.

이 기간에 포항제철, 아산만방조제, 영동고속도로 등이 만들어졌으며, 주택건설이 크게 증가하여 180만 호 이상의 주택공급이 이루어졌다. 1970년대 건설업의 성장률은 연평균 11%를 넘어섰다. 1960년대부터 도로, 교량, 댐, 철도, 주택 등의 건설이 붐을 이루며, 건설기업의 기술력이 향상된 효과가 컸다. 1970년대 중반부터 오일달러를 유치하며 중동진출도 활발하게 이루어졌다. 현대건설이 1976년 수주한 사우디 주베일 항만공사는 당시 우리나라 예산의 1/4수준으로 경제성장에 크게 기여했다.

1980년대부터 90년대 초반까지는 우리나라 건설의 성장기이자 황금기였다. 경제개발계획 5차와 6차, 제2차 국토종합계획이 계속되었다. 더불어 1986년 아시안게임과 88년 서울올림픽 덕분에 건설 수요가 폭발적으로 증가했다.

주택가격 급등에 따라 공급도 이전보다 양적, 질적으로 모두 커졌다. 1988년 주택 200만 호 건설계획이 발표되었고, 분당과 일산 등 1기 신도시 건설이 빠르게 이루어졌다. 1987년부터 91년까지 건설업의 성장률은 연평균 15.3%에 달했으며, 이 기간 GDP에서 건설투자가 차지하는 비중은 20% 후반대까지 올라갔다. 2020년 건설투자 비중이 14.3%라는 것을 생각해보면 당시 건설업이 얼마나 활황이었는지 짐작

할 수 있을 것이다.

이렇게 꺼질 줄 모르고 앞만 보며 달려온 건설업에 위기가 닥쳐왔다. 1994년 성수대교 붕괴 사고가 일어났다. 그리고 바로 그다음 해에는 삼풍백화점이 무너졌다. 이 두 사건으로 인해 부실 공사 문제가 사회적 논란으로 떠올랐고, 건설업에 대한 부정적 인식이 확산했다.

엎친 데 덮친 격으로 대한민국 역사상 전례 없는 외환위기 사태가 발생했다. 외환위기는 우리 경제를 뿌리째 흔들었다. 30대 재벌 중 17개가 퇴출당하였으며, 은행 26곳 가운데 16곳이 사라졌다. 경제성장률은 -7%로 1953년 통계작성 이래 가장 큰 감소 폭을 보였다. 건설업 역시 외환위기를 피해 가지 못했으며, 부정적 파급효과는 오히려 더 크게 나타났다.

건설수주는 1997년 63조 원에서 98년 36조 원으로 43%가 줄어들었다. 국내뿐만 아니라 해외시장에서도 맹활약했던 현대건설과 동아건설이 부도 사태를 맞았다. 문제는 대형건설사 하나가 수백, 수천 개의 하도급 협력사를 거느리는 건설업의 구조다. 이런 건설업의 특성은 연쇄 부도를 피할 수 없게 했다. 이름 없이 사라진 중소, 전문건설업체는 그 수를 헤아리기 어려울 정도로 많았다.

그러나 건설업은 암흑기를 딛고 다시 일어나 재도약했다. 외환위기 극복을 위해 사회간접자본에 대한 투자가 확대되었고, 주택경기도 회복되어 물량이 늘어났다. 여기에 월드컵 개최라는 호재가 있었고, 인천국제공항도 개항했다.

2000년대에 들어 건설업은 또 다른 변화에 직면하였다. 산업기반시설 투자, 도시화, 주택공급 확대 등의 과정을 거치면서 산업수명 주기상 성숙기에 접어들어 성장세가 둔화하였다. 여기에 글로벌 금융위기가 찾아왔고, 전체적으로 국내 건설업의 침체가 수년간 지속되었다. 국내시장의 침체는 건설기업의 해외 진출에 촉매제 역할을 했다. 그 결과 해외건설시장은 제2의 전성기를 맞이하며, 2010년 해외건설수주액은 716억 달러로 사상 최대치를 기록했다.

최근 건설시장은 다시금 도약을 준비하고 있다. 물량적인 측면에서는 주택시장 호황, 유지보수시장 성장 등에 따라 건설수주, 투자 등의 지표가 개선세를 보이고 있다. 여기에 산업의 경쟁력을 향상하기 위해 질적인 개선을 시도하고 있다.

4차 산업혁명이 대두된 이후, 융복합의 기술혁신 패러다임이 새롭게 떠오르고 있다. 코로나19 팬데믹으로 비대면 문화가 확산하며 모든 산업이 디지털화로 변모하고 있다. 변하지 않으면 도태될 수밖에 없는 환경이다.

건설업은 과거 많은 어려움과 환경변화를 이겨내고 여기까지 왔다. 그렇기에 시행착오는 있더라도 무엇이라도 할 수 있는 힘이 있다.

핵심만 보는 대한민국 건설산업의 발자취

1. 건설산업 태동기(1945~1961)
- 미군정 귀속업체로 61개 건설업체 출범
- 한국전쟁 이후 복구공사 수요 증가로 건설업 급성장
- 건설업 면허제도 도입 등 건설업법 제정(1958)

2. 건설산업 도약기(1962~1971)
- 제1차 경제개발 5개년 계획 추진(1962) 등 계획의 시대로 진입
- 국토기반시설에 대한 건설수요 급증
  • 공업단지, 댐, 하천정비, 고속도로 건설 등(경인고속도로(1969), 경부고속도(1970))
- 해외건설시장 첫 진출(1965, 태국 고속도로 공사)

3. 건설산업 발전기(1972~1983)
- 제3차 경제개발 5개년 계획과 제1차 국토종합건설 10개년 계획으로 기반시설 건설 본격화
  • 포항제철(1973), 아산만방조제(1974), 서울 지하철 1호선(1974), 영동고속도로(1975)
- 중동진출 등 해외건설시장 진출 본격화
  • 삼환기업(1973, 사우디 고속도로), 현대건설(1976, 사우디 항만공사), 동아건설(1983, 리비아 대수로공사)

4. 건설산업 성장기(1984~1993)
- 서울 아시안게임(1986), 서울올림픽(1988) 등으로 건설 붐
- 1기 신도시 건설 등 주택 200만호 건설계획 발표(1988)
- 건설제도 정비
  • 건설업 면허 단계적 개방(1988), 하도급거래 공정화에 관한 법률 제정(1984) 등

5. 건설산업 전환기(1994~2003)
- 우루과이 라운드(1994), OECD가입(1996) 등 개방체제로 전환
- 성수대교 붕괴(1994), 삼풍백화점 붕괴(1995) 등 부실공사의 사회적 문제화
- 외환위기로 인한 건설경기 침체 후 재도약
  • 서해대교 준공(2000), 인천국제공항 개항(2001), 월드컵경기장 준공(2002)

6. 건설산업 성숙기(2004~2014)
- 2000년대 중반 이후 국내 건설산업 침체
  • 2008년 글로벌 금융위기 이후 건설투자 등 급감
- 해외건설시장 제2의 전성기
  • 중동, 아시아 등에서 수주 증가(2010년 해외건설수주액 716억 불)
- 건설산업의 글로벌화, 융합화 가속

7. 건설산업 재도약기(2015~현재)
- 주택시장 호황에 따라 국내 건설산업 호황
- 4차 산업혁명, 디지털 경제 전환에 따른 기술혁신 패러다임 대두
- 건설기술, 생산구조, 시장질서, 일자리 혁신 등을 위한 건설산업 혁신방안 마련

한강의 기적, 건설산업의 전성기

건설업의 전성시대는 언제일까? 제2의, 제3의 전성시대라는 말도 있으니, 건설업의 전성시대는 내년이 될 수도 있고 10년 뒤, 20년 뒤가 될 수도 있을 것이다. 계약금액으로만 단순하게 판단하면 지금이 전성시대일 수도 있다. 그러나 건설업이 경제 전반에 미치는 영향과 파급력을 고려하면, 건설업의 전성시대는 산업이 부흥하기 시작하여 소득이 본격적으로 증가하는 시기를 말한다.

일반적으로 건설업은 개발도상국 시기에 꽃을 피운다. 라이프사이클(Life Cycle)에서 개발도상국은 청년기로 볼 수 있다. 그렇다면 현재 한국 건설업은 어느 시기로 볼 수 있을까? 인정하고 싶진 않지만, 중년기라고 할 수 있다. 자본의 양, 소득수준, 도시화율, 주택보급률 등을 따져보면 중년을 넘어간 것이 틀림없어 보인다. 다시 전성시대가 오지 말라는 법은 없지만, 청년기처럼 폭발적인 역동성을 기대하기는 쉽지 않다. 제2의 전성기를 꿈꾸는 것도 좋지만, 앞으로는 중년의 경험과 노련함으로 뒤처지지 않고 꾸준히 성장하는 것이 더욱 중요할 것이다.

한강의 기적
한국 전쟁 이후부터 외환위기 시기까지의 반세기 동안 대한민국의 급격한 경제 성장을 이르는 상징적 용어

'한강의 기적'이라 불리는 우리나라의 눈부신 경제성장에 건설업이 크게 기여했음을 부인하는 사람은 없을 것이다. 1950년대 폐허에서 현재는 선진국 수준의 각종 기반시설, 주택, 공장 등이 건설되었다. 주거 공간은 말할 것도 없고, 우리 생활을 편리하고 윤택하게 만들어 주는 다양한 시설물이 공급되었다.

주택, 도로, 철도, 공항, 항만, 건축물 등에 있어 양적, 질적 확대 수준은 매우 괄목할 만하다. 1970년부터 현재까지 약 50년이라는 시간만 따져 봐도 도로는 2.8배나 증가하였다. 철도의 연장은 1.34배 증가하였으나 현대화되면서 개선된 성능을 생각하면, 그 질적 성장이 놀라울 따름이다. 항만물동량은 50년간 50배 증가하였고, 항공 여객 수송인원은 94배로 폭증했다. 주택은 2.9배가 늘어났으며, 일반 건축물은 3.4배 증가하였다.

우리나라 주요 구축물 확대 추이

구분	1950	1960	1970	1980	1990	2000	2010	2019
도로연장 (km)	25,683	27,169	40,244	46,951	56,715	88,775	105,565	112,977
철도연장 (km)	2,752	2,976	3,193	3,182	3,091	3,123	3,557	4,274
항공여객수송 (천명/년)	-	-	1,315	4,801	20,691	41,976	60,277	123,396
항만물동량 (백만톤/년)	-	-	33	113	284	833	1,204	1,644
주택수 (호/천인당)	-	-	141	142	170	249	364	412
건축물 (천동)	1,817	1,932	2,121	2,733	3,730	5,298	6,581	7,243

자료: 통계청

이러한 일련의 성과가 한순간에 나타난 것은 아니다. 산업화 시기부터 지금까지 지속해서 쌓아온 결과다. 다만, 변화의 양과 빈도가 집중되었던 때는 개발도상국 시기다.

국가가 발전하기 위해서는 모든 산업을 균형 있게 발전시키는 것이 가장 좋다. 하지만 자원과 자본이 부족한 상태에서 현실성 있는 방법은 아니다. 저개발국가에서 경제발전을 하기 위해서는 **선택과 집중**을 할 수밖에 없다.

건설업은 여타 산업보다 전후방 연관 효과가 높다. 그래서 선제적으로 투자하기에 효과적인 산업이다. 기반시설, 주택 등을 공급하기 위해 건설업을 선택하여 집중적으로 투자하면 자연스럽게 시멘트부터 건자재, 내외장재, 엘리베이터 등에 이르는 후방산업이 발전한다. 산업 간의 관계에서도, 건설을 통해 도로를 공급하면 자동차 산업이 발전하고, 이는 더 나아가 자동차 부품 산업의 발전으로도 이어진다.

위기가 찾아와 경기침체가 발생했을 때도 마찬가지다. 건설업에 대한 투자는 전후방효과와 네트워크 효과가 크기 때문에 상대적으로 빠르게 경기회복을 촉진할 수 있다. 실제로 과거 석유파동이나 외환위기 등 숱한 경기 침체기에 건설투자를 통해 경기 활성화 효과를 경험했다.

선택과 집중
경제발전을 위한 선택과 집중을 경제학에서는 '불균형성장론'이라고 한다. 우리나라는 불균형성장을 통해 경제발전을 이룬 대표적 국가다.

우리나라의 시기별 GDP와 건설투자 성장률을 살펴보면, 건설투자 증가율은 뚜렷하게 차별화되는 모습을 보인다. 1960년대 연평균 경제성장률이 9.5%인데 비해 건설투자 성장률은 22.5%로 월등히 높다. 건설투자 성장률은 1990년까지 GDP 성장률보다 우위를 점하고 있다. 최근에는 건설산업이 성숙기에 접어들며, 성장률 자체는 상대적으로 하향 조정되었다.

결국 이 지표를 통해서도 건설업은 경제가 가장 역동적으로 성장하는 개발도상국 시기에 성장률이 높고 경제에 기여하는 바가 가장 크다는 사실을 알 수 있다. 경제성장률과 건설투자 간에는 뚜렷한 양의 상관관계가 나타나며, 이는 전 세계적으로 공통된 현상이다.

시기별 GDP와 건설투자 성장률 비교

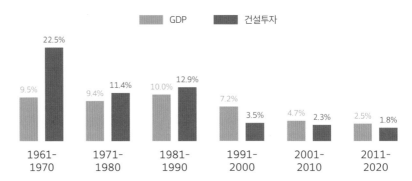

자료: 한국은행

개발도상국의 효자산업, 건설업!
"앞으로 주목할 나라, 신남방 국가의 허브 – 베트남"

건설산업이 특히 개발도상국에서 핵심적인 역할을 한다는 것을 알게 되었을 것이다. 이런 측면에서 신남방 국가를 주목할 필요가 있다. 신남방 국가에는 인도와 아세안 10개국이 포함되어 있다. 20억 인구, 평균연령 30세, 경제성장률 6%로 젊고 역동적인 시장으로 향후 세계 경제의 성장엔진으로 매력이 넘치는 지역이다. 신남방 국가는 잠재적 거대 시장으로 우리 기업의 인프라개발 사업과 제조업 생산기지는 물론이고, 4차 산업혁명 등이 가장 역동적으로 펼쳐질 지역이 될 가능성이 매우 크다.

특히 베트남은 우리나라와 경제교류가 가장 활발한 나라로 1992년 국교 수립 이래 교역 규모가 30년도 되지 않았으나 120배가 성장하였다. 한국은 베트남의 최대 투자국이며, 앞으로도 경제블록 연결이 강화되고 있어 경제교류는 더욱 증가할 것으로 보인다.

Global Insight(2019)에 의하면, 2018년에 베트남의 건설시장 규모는 7.6% 증가한 229억 달러를 기록한 것으로 나타났으며, 2020년은 246억 달러로 추정된다. 향후 10년간 베트남 건설시장 규모는 연평균 6% 이상 안정적으로 증가할 것으로 전망된다. 특히, 주택시장의 성장세가 가장 높을 것으로 보이는데, 이는 소득수준 증가에 따른 고급주택 등의 수요가 증가할 것으로 예상되기 때문이다.

2020년 베트남의 1인당 국민소득은 3,500달러로 예상된다. 일반적으로 국민소득이 최소 1만 달러가 될 때까지 건설시장 규모가 지속적해서 확대된다. 그래서 향후 베트남 시장의 성장세는 지속할 것으로 보인다. 젊은 인구, 탄탄한 성장세, 도시화 및 인프라 시장 수요 증가, 신도시 건설 등 베트남의 성장 가능성은 무궁무진하다.

'70의 법칙'을 들어본 적이 있는가? 이는 투자금이나 경제 규모가 2배가 되는 데 걸리는 기간을 의미한다. 분모에 70을 두고 분자에 성장률을 넣으면 간단하게 그 기간이 산출된다. 베트남의 건설시장 성장률이 안정적으로 6% 이상을 기록한다고 가정하면, 베트남 건설시장 규모는 지금부터 약 11년이 지나면 2배가 된다는 의미다. 이미 건설시장이 성숙기에 도래한 우리나라 입장에서 보면 베트남 시장은 부러울 수밖에 없다. 우리나라 건설기업의 해외수주에서도 베트남은 중요한 국가이다. 2015년 이후 국가별 수주 랭킹에서도 베트남은 꾸준히 5위권 안에 있다.

하지만 성장률이 높고, 기회가 많다는 것은 상대적으로 리스크도 크다는 의미를 함께 내포한다. 베트남을 포함한 신남방 국가의 대부분은 상대적으로 소득수준이 낮고 정치적으로 불안정하다. 공적자금의 의존도가 지나치게 높고, 법체계가 미비하며 부정부패 등에 의한 위험요소가 적지 않다. 실제로 베트남 지역 일부에서는 복잡한 법체계로 사업이 지연되는 경우가 빈번하고, 투명하지 않은 정책 결정에 따라 계약당사자가 어려움에 부닥치기도 한다. 커미션(Commission) 등의 관행도 여전히 존재하는 경우가 많다.

그런데도 베트남보다 매력적인 나라를 찾기는 쉽지 않다. 베트남은 건설기업의 해외 진출에서도, 개인의 투자 측면에서도 유망하다. 앞으로 베트남이 어떻게 성장하는지, 그 가운데 우리나라가 어떤 역할을 하는지 지켜보자.

베트남 건설시장 중장기 전망

(Billions of 2010 US$)

구분	2017	2018	2019	2020	2021	2022	2023	2024	2025	2026	2027	2028
Total construction	21.3	22.9	24.4	26.0	27.7	29.5	31.4	33.4	35.4	37.5	39.7	41.9
Residential	8.8	9.5	10.2	10.9	11.8	12.7	13.6	14.6	15.6	16.7	17.8	19.0
Nonresidential	12.5	13.4	14.2	15.1	16.0	16.9	17.8	18.8	19.8	20.8	21.8	22.9
Infrastructure	6.0	6.4	6.7	7.1	7.4	7.8	8.2	8.6	9.0	9.4	9.8	10.1
Transportation	2.5	2.6	2.9	3.1	3.3	3.4	3.6	3.8	4.0	4.2	4.3	4.4
Public health	0.6	0.6	0.6	0.7	0.7	0.7	0.8	0.8	0.8	0.9	0.9	0.9
Energy	3.0	3.1	3.2	3.3	3.5	3.7	3.8	4.0	4.1	4.4	4.5	4.7
Structure	6.5	7.0	7.5	8.0	8.5	9.0	9.6	10.2	10.8	11.4	12.1	12.8
Office	0.6	0.6	0.7	0.8	0.9	1.0	1.1	1.2	1.2	1.3	1.4	1.5
Commercial	0.6	0.6	0.6	0.7	0.8	0.9	1.0	1.1	1.2	1.2	1.3	1.4
Institutional	1.0	1.0	1.1	1.2	1.3	1.4	1.5	1.5	1.6	1.8	1.9	2.0
Industrial	4.3	4.8	5.1	5.3	5.5	5.8	6.1	6.4	6.7	7.1	7.4	7.8
Utilities	0.4	0.4	0.4	0.4	0.5	0.5	0.5	0.6	0.6	0.6	0.7	0.7
Communications	0.0	0.0	0.0	0.0	0.0	0.0	0.0	0.0	0.0	0.0	0.0	0.0
Transportation equipment	0.2	0.2	0.2	0.2	0.2	0.2	0.2	0.2	0.3	0.3	0.3	0.3
Chemicals	0.4	0.5	0.5	0.5	0.5	0.5	0.5	0.5	0.6	0.6	0.6	0.7
Electrical/electronic	0.8	1.0	1.1	1.2	1.2	1.3	1.3	1.4	1.4	1.5	1.6	1.6
Food processing	0.5	0.5	0.6	0.6	0.6	0.7	0.7	0.8	0.9	0.9	1.0	1.1
Other	1.9	2.1	2.2	2.3	2.4	2.6	2.6	2.8	2.9	3.0	3.2	3.3
Deflator(2010=1.0)	1.2	1.2	1.2	1.2	1.3	1.3	1.4	1.4	1.4	1.5	1.5	1.6

자료: IHS Markit

신남방국가 기업환경 평가지표(Ease of doing business indicators)

국가 \ 세부지표		사업 착수	건설 인허가	전력 가용성	자산 등록	신용 획득	투자자 보호	세금 지불	국가간 무역	계약 준수	파산 해결	순위
대한민국		93.4	84.4	99.9	76.3	65	74	87.4	92.5	84.1	82.9	5
일본		86.1	83.1	93.2	75.6	55	64	81.6	85.9	65.3	90.2	29
중국		94.1	77.3	95.4	81	60	72	70.1	86.5	80.9	62.1	31
신남방국가	브루나이	94.9	73.6	87.7	50.7	100	40	74	58.7	62.8	58.2	66
	캄보디아	52.4	44.6	57.5	55.2	80	40	61.3	67.3	31.7	48.5	144
	인도	81.6	78.7	89.4	47.6	80	80	67.6	82.5	41.2	62	63
	인도네시아	81.2	66.8	87.3	60	70	70	75.8	67.5	49.1	68.1	73
	라오스	62.7	68.3	58	64.9	60	20	54.2	78.1	42	0	154
	말레이시아	83.3	89.9	99.3	79.5	75	88	76	88.5	68.2	67	12
	미얀마	89.3	75.4	56.7	56.5	10	22	63.9	47.7	26.4	20.4	165
	필리핀	71.3	70	87.4	57.6	40	60	72.6	68.4	46	55.1	95
	싱가포르	98.2	87.9	91.8	83.1	75	86	91.6	89.6	84.5	74.3	2
	태국	92.4	77.3	98.7	69.5	70	86	77.7	84.6	67.9	76.8	21
	베트남	85.1	79.3	88.2	71.1	80	54	69	70.8	62.1	38	70

자료: IWorld Bank(2020), Ease of doing business indicators scores.

034

한국 건설업, 경쟁력 회복이 관건

"나는 몇 등으로 평가될까?" 중요한 평가 잣대, 경쟁력
우리나라 건설업의 경쟁력은?
해외로, 해외로! 해외건설 실적으로 보는 경쟁력
건설업 경쟁력 강화를 위해 무엇을 해야 할까?

[코너]
건설기업이 스스로 인식하는 경쟁 요소

"나는 몇 등으로 평가될까?"
중요한 평가 잣대, 경쟁력

"한국 국가경쟁력이 OO위래"

"우리나라 보이그룹의 경쟁력은 세계적이야"

이처럼 우리는 일상에서 '경쟁력'이라는 단어를 자주 접한다. 일반적으로 경쟁력을 이야기할 때는 다른 대상과 비교하여 파악하는 경우가 많다. 그래서 일반적으로 경쟁력은 좋든 싫든 순위로 제시된다. '저 기업의 경쟁력은 세계 OO위야' 하는 식으로 말이다.

경쟁력을 한눈에 파악하기 위해서는 점수로 수치화하여 가시적으로 표현하는 것이 좋다. 앞서 살펴본 국가나 기업뿐만 아니라 개인의 경쟁력도 마찬가지다. 한국인이라면 흔히 대학수학능력시험 점수로 대학을 가고, 토익 점수로 취업을 준비한다. 취업 후 직장에서도 연말이면 이런저런 기준을 토대로 성과평가를 받는다. 평가 점수를 토대로 등수나 등급이 결정된다. 이러한 평가에 익숙해지다 보니 심심찮게 자신을 돌아보며 '나의 경쟁력은 어느 정도인가' 하고 자문하는 경우도 있다.

사전적인 의미의 경쟁력은 말 그대로 경쟁할 만한 힘이나 능력을 뜻한다. 경제학이나 경영학적으로 사용할 때는 주어진 시장에서 기업이나 산업, 국가가 재화와 서비스를 판매하거나 공급하는 능력이 어느 정도인지 비교하는 개념으로 쓰인다. 때때로 경쟁력은 **생산성**, **효율성**과도 비슷한 의미로 활용되기도 한다.

경쟁력 우위 또는 강화와 관련해서는 그간 많은 학자들이 다양한 이론을 제시해왔다. 구글검색을 통해 '기업 경쟁력 전략'이라는 키워드만 입력해도 수많은 논문과 보고서를 확인할 수 있을 것이다. 그중 가장 자주 활용되는 이론은 하버드대학교 비즈니스 스쿨 교수를 지낸 마이클 포터 교수의 '경쟁전략'이다. 포터 교수는 1980년 이후 산업매력도 분석모델, 본원적 전략모델, 다이아몬드 모델 등 경쟁우위 전략에 대한 다양한 이론을 제시하였다. 건설기업의 경쟁력 분석에서도 포터 교수의 이론이 적용되는 것이 일반적이다. 특히 기업의 본원적 활동과 지원활동을 구분하여 경쟁력을 평가하는 가치사슬 모형은 건설산업에서 자주 활용되는 주요 방법론 중 하나이다.

경쟁력을 평가하는 이론은 다양하기 때문에 평가 대상에 따른 적절한 방법과 잣대를 선정하는 것이 중요하다. 건설산업에서 개별 건설기업의 경쟁력을 평가한다면 어떤 방법을 사용해야 할까? 흔히 활용되는 방법으로 평가대상 기업을 중심으로 다른 건설기업과 비교해보는 상대적 경쟁력 측정 방식이 있다.

그런데 만약 대기업과 중소기업의 경쟁력을 동일한 잣대로 비교한다면 어떨까? 기업 규모에 따라 경쟁요소가 다르기 때문에 기준이 불공평하다고 반발을 살 것이다. 차라리 이런 경우에는 각 규모에 적합한 절대적 기준을 두고 평가하는 게 좋다.

건설산업 전체를 대상으로 경쟁력을 따지려면, 각 국가 간 경쟁력을 비교해볼 수도 있다. 이때는 개별 기업의 경쟁역량도 중요하지만 사업 환경, 문화, 거버넌스 등 광범위한 요소를 토대로 평가하게 된다. 건설산업에서는 다양한 요소를 여러 방법으로 평가하여 경쟁력을 파악

생산성과 효율성
학자들마다 다양한 정의를 내리고 있다. 일반적으로 생산성은 생산요소 투입에 대한 산출물의 비율로 정의한다. 반면, 효율성은 한정된 자원을 활용하여 최대한의 산출을 얻는 것을 의미한다.

마이클 포터
마이클 포터는 수많은 저서를 통해 '경쟁 전략', '경쟁 우위', '국가 경쟁우위' 분야의 세계적 석학으로 손꼽힌다. 하버드 비즈니스 리뷰 최고의 저술에 주어지는 맥킨지 어워드를 여섯 번이나 수상한 포터 교수는 이명박 정부에서 대한민국 국제자문위원으로도 활동했다.

할 수 있다.

구체적인 방법이야 어찌 되었건 경쟁력을 파악하는 목적은 '지금 몇 등을 하고 있는가?', '이 평가에서 몇 점을 받고 있는가?' 하는 현 위치를 따져보기 위함이다. 한국 건설산업의 경쟁력은 어느 정도인지, 개선의 여지나 경쟁력 강화를 위한 대안은 무엇인지 알아보도록 하자.

우리나라 건설업의 경쟁력은?

우리나라 건설산업의 경쟁력에 대해서는 국내 여러 기관에서 평가하여 발표하고 있다. 평가하는 기관마다 기준이 다르고 방법과 절차에 차이가 있어 어느 것이 가장 정확하다고 말하기는 어렵다. 여기서는 대표적으로 공신력 있다고 알려진 두 기관의 자료를 선정하여 한국 건설산업의 경쟁력을 파악하려고 한다.

국토교통과학기술진흥원에서는 '국토교통 기술수준조사'라는 보고서를 발행한다. 이 보고서에는 건축, 도시, 시설물, 플랜트, 도로, 철도, 항공, 물류 등 수많은 분야를 기준으로 국가별 점수, 기술수준, 기술격차를 평가한 결과가 담겨 있다. 기술수준을 분석하다보니 개별 건설기업의 매출이나 이익을 평가하기보다는 특허, 신기술, 논문 등이 경쟁력 분석의 주요 지표가 된다. 평가 방법은 최고 기술국의 점수를 100점으로 두고 상대적 수준이 어떠한지를 파악하여 점수로 산출한다.

2019년 우리나라 건축분야의 기술수준은 73.8점으로 상대적으로 낮은 점수를 보였다. 동일한 해에 가장 우수하다고 여겨져 100점을 차지했던 국가는 미국이었으며, 그 뒤로 독일 93점, 영국 90점, 일본 89.5점으로 이어졌다. 66.3점을 기록한 중국을 제외하면 한국은 비교 대상 7개국 중 6위에 위치했다.

우리나라의 기술격차는 미국과 5년 정도 차이가 났다. 이를 통해 한국 건설산업의 경쟁력이 전체적으로 높지 않은 수준임을 짐작할 수 있다. 다만, 위안이 될 만한 사항은 2013년, 2015년, 2019년 총 3번의 조사에서 기술수준 점수가 지속적으로 향상되고 있다는 점이다. 그 결과 기술격차 역시 6년에서 5년으로 줄어들 수 있었다.

건축분야의 기술수준 기준은 세부적으로 4가지로 나뉘며, 점수는 계획/설계 75점, 구조/시공 80점, 재료/자재 70점, 환경/설비 70점으로 구성된다. 점수 비율이 다르게 채점되기 때문에, 건축분야 내에서도 구조/시공분야의 경쟁력이 상대적으로 높다는 점을 확인할 수 있다.

우리나라 건축분야 기술수준 및 격차(2019년)

	기술수준(%)		기술격차(년)		
	69.8 / 71.6 / 73.8		6.0 / 5.7 / 5.0		
	95.5 / 94.4 / 89.5		0.9 / 1.3 / 2.1		
	100.0 / 100.0 / 100.0		0.0 / 0.0 / 0.0		
	59.1 / 62.9 / 66.3		9.1 / 7.4 / 6.9		
	94.0 / 95.1 / 93.0		1.3 / 1.5 / 1.4		
	93.5 / 90.5 / 90.0		1.3 / 2.1 / 1.9		
	92.6 / 89.1 / 88.8		1.3 / 2.3 / 2.0		

자료: 국토교통과학기술진흥원(2019), 국토교통 기술수준 분석

한국건설기술연구원 역시 국가별 건설산업 경쟁력을 평가하여 발표하고 있다. 주요 20개국을 대상으로 국가별 건설인프라와 건설기업의 역량을 종합하여 평가한다.

2018년 우리나라 건설업의 글로벌 경쟁력은 71점으로 비교 대상 20개국 중 12위를 기록했다. 12위라는 등수만 놓고 보면 몹시 부정적으로 보이지는 않는다. 하지만, 과거 기록과 비교해보면 금방 문제가 보일 것이다. 2014년 8위, 2015년 7위, 2016년 6위, 2017년 9위를 차지한 것과 비교하면 어떤가? 평가 결과가 최근으로 올수록 악화하는 양상을 보인다는 것을 알 수 있다.

2018년 건설산업의 경쟁력이 하락하게 된 주요 원인에는 시공과 설계 경쟁력의 하락이 있다. 가격 경쟁력은 전년도와 동일하게 7위를

건설산업 글로벌 경쟁력 순위 (2018년)

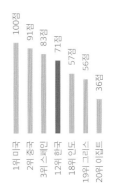

1위 미국	100점
2위 중국	91점
3위 스페인	83점
12위 한국	71점
18위 인도	57점
19위 그리스	56점
20위 이집트	36점

자료: 한국건설기술연구원

기록하였으나, 시공 경쟁력(4위→7위)과 설계 경쟁력(8위→13위)의 순위가 다소 큰 폭으로 떨어진 것이다.

중국의 경쟁력
중국은 GDP 규모로 세계 2
위이며, 2030년에는 1위로
올라설 것으로 예상된다. 중
국 건설업 역시 가격경쟁력
을 바탕으로 기술수준까지
빠르게 향상되고 있다.

두 기관의 조사 결과를 종합해보면, 객관적으로 우리나라 건설업의 경쟁력이 그다지 높지 않은 수준인 것으로 확인된다. 그러나 경쟁력은 상대적인 개념이며, 평가대상과 지표에 따라 상이하게 도출된다는 점을 주지할 필요가 있다. 대표적으로 국토교통과학기술진흥원의 발표에서는 중국의 경쟁력이 최하위로 나타나고 있지만, 한국건설기술연구원의 조사에서는 2위를 기록하고 있다.

순위와 점수에 지나치게 의존하여 우리나라 건설업의 경쟁력을 평가절하할 필요는 없다. 다만, 동일한 반복조사에서 순위가 하락하는데는 분명 이유가 있으니, 경각심을 가지고 개선점을 찾는 것이 바람직하다.

뒤에 더 구체적인 방안을 제시하겠지만, 잠시 가볍게 생각해보자면 개별 기업의 경쟁력이 산업 경쟁력, 국가 경쟁력으로 이어진다는 측면에서 기술 개발과 해외 진출에 적극적인 투자와 노력을 하는 것이 좋겠다. 정부 또한 허용 가능한 범위 내에서 지원정책을 마련할 필요가 있다. 무엇보다 기업환경을 저해하는 규제는 지속적해서 줄여나가야 할 것이다.

해외로, 해외로!
해외건설 실적으로 보는 경쟁력

해외에서의 건설활동은 국내 건설기업의 설계와 시공경쟁력, 가격경쟁력 등이 우위에 있을 때 수행 가능하다. 세계 유수 기업들과의 경쟁에서 이겨야 가능하기 때문이다. 이러한 측면에서 해외건설 실적은 우리나라 건설 경쟁력을 보여주는 또 다른 지표라 할 수 있다.

우리나라 해외건설은 1965년 첫발을 내디딘 이후 2020년 최근에는 누적 수주금액이 8,800억 달러를 넘어서고 있다. 하지만 해외건설

실적이 항상 좋았던 것은 아니었다. 우리기업의 경쟁력, 국내외 환경 등에 의해 호황과 불황을 반복하였다. 1970년대 중반부터 1980년대 초반까지 해외건설은 중동을 중심으로 수주가 크게 증가하면서 큰 폭의 성장세를 보였다. 이후에는 외환위기를 정점으로 저조한 실적을 보이다가, 2005년부터 다시 가파른 성장세를 보이며 제2의 전성기를 맞이했다. 그러나 2010년 716억 달러로 최고 수주실적을 기록한 이후 최근에는 다시금 내림세를 보인다. 2020년 해외수주 실적은 351억 달러를 기록하며, 전반적으로 주춤한 상황이다.

우리나라 해외건설수주액 추이

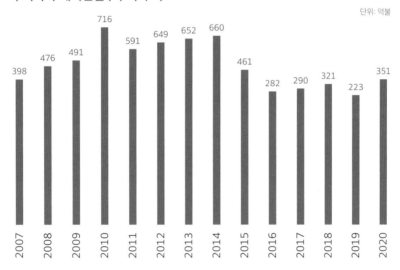

단위: 억불

자료: 해외건설종합정보서비스

　　최근 들어 해외건설 수주실적이 감소하고 있는데, 이는 복합적 요인이 작용한 결과로 주된 원인은 크게 세 가지로 나누어 볼 수 있다. 가장 큰 원인으로는 더 이상 '가성비'가 뛰어나지 않다는 점이다. 지금까지 우리나라의 해외건설은 선진국 대비 품질은 다소 부족하더라도 저렴한 가격을 주무기로 삼았다. 그러나 중국 등 후발업체의 공격적인 해외진출에 따라 최근 우리나라의 장점이었던 가성비가 희석되고 말았다.

다음으로 2010년을 전후하여 해외수주는 큰 폭으로 증가하였으나, 실제 매출이 늘어났을 뿐, 이익지표는 오히려 훼손되었다는 점이다. 이에 따라 건설기업들의 해외수주 전략이 양보다 질로 서서히 변모하고 있어 수주금액 자체가 감소하고 있는 결과로 나타나고 있다.

마지막으로 국내 건설시장 상황의 영향도 큰 것으로 보인다. 해외 건설은 국내 건설시장의 영향을 많이 받는다. 국내 건설시장이 호황일 경우 자연스레 해외 진출은 줄어들고, 반대로 국내 건설시장이 불황일 경우 대체재 성격으로 해외 진출이 크게 증가한다. 2015년 이후 국내 건설 수주, 투자 등이 이전에 비해 금액적인 측면에서 크게 증가하면서 해외진출에 대한 동기부여가 줄어들었을 가능성이 크다.

ENR
엔지니어링 뉴스 레코드로 널리 알려진 미국의 주간지로 건설업계에서는 가장 권위 있는 출판물 중 하나다. ENR의 역사는 1874년부터 시작되며, 건설산업의 재무, 법률, 규제, 안전, 환경, 관리, 기업경쟁력, 노동 문제 등을 광범위하게 다루고 있다.

해외수주 금액과는 별도로 우리나라 건설기업의 해외시장 점유율은 어떠할까? 미국의 건설 전문 잡지 ENR(Engineering News-Record)은 매년 전 세계 상위 건설기업 250개사를 선정하여 해외 매출액을 조사하여 발표하고 있다. 2019년 우리나라 건설기업 중 전 세계 상위 250개사에 포함된 건설사는 12개 기업이며, 이들 기업의 해외 매출액은 246억 달러로 5.2%의 점유율을 보인다.

국가별 해외건설 매출은 중국이 1위를 차지하고 있으며, 무려 74개 건설기업이 전 세계 상위 250위를 차지하고 있다. 중국의 경우 아시아와 중동, 아프리카 등에서 압도적인 실적을 거두며, 해외건설시장을 주도하고 있다. 중국의 뒤를 이어서는 스페인, 프랑스, 독일, 미국의 매출액이 높게 나타나고 있다.

여기서 주목할 것은 프랑스와 독일의 경우 상위 250개 건설사에 포함된 기업은 각각 4곳, 3곳에 불과하지만, 매출액 규모는 상당하다는 점이다. 프랑스와 독일의 건설기업은 그 수는 적지만, 초대형화를 꾀하여 해외시장에서 경쟁력을 확보하고 있다.

국가별 해외건설 매출 및 점유율 현황

순위	국가	매출액(억불)	점유율(%)	기업 수(개)
1	중국	1200.1	25.4	74
2	스페인	706.8	14.9	11
3	프랑스	469.1	9.9	4
4	독일	310.6	6.6	3
5	미국	246.5	5.2	35
6	한국	246.0	5.2	12
7	터키	216.4	4.6	44
8	영국	196.6	4.2	3
9	일본	194.3	4.1	13
10	오스트리아	194.3	4.1	1

자료: ENR The Top 250, 지역별 매출액 기준

이제 해외건설시장은 국내 건설시장의 대체재 이상의 가치를 갖는다. 건설기업은 물론이고, 건설산업의 지속가능한 성장을 위해서는 새로운 시장의 개척이 반드시 필요하다. 설계와 시공기술은 물론 가격경쟁력까지 확보해야 지속적인 수주가 가능하다. 따라서 해외건설 실적은 그 나라의 건설 경쟁력을 대변하기도 한다.

건설산업은 Track record가 중요한 대표적인 경험 산업이다. 따라서 정부가 일시적으로 지원을 한다고 해서 크게 개선되기는 어렵다. 오히려 지속적인 기술 개발과 경쟁우위 확보가 관건이라 할 수 있다.

> **트랙 레코드(Track record)**
> 개인이나 기관이 동일하거나 유사한 분야에서 쌓아온 유무형의 실적과 평판

건설업 경쟁력 강화를 위해 무엇을 해야 할까?

지금까지 우리나라 건설업의 현 좌표를 가늠할 수 있는 기술 수준, 건설 인프라, 기업 역량, 해외수주 실적 등을 살펴봤다. 물론 같은 기준으로 평가된 자료를 보더라도 해석하는 사람마다 생각이 다를 수 있다. 앞선 자료를 보고 어떤 이는 반도체, 조선 등과 같이 세계적 경쟁력을 갖춘 산업과 비교하면 건설업의 경쟁력은 아직 갈 길이 멀다고 할 수

있다. 또 다른 이는 여타 제조업이나 서비스업과 비교하면 나쁘지 않은 수준이라 생각할지도 모른다. 더 나아가 건설업이 꽤 큰 영향력과 경쟁력을 보유하고 있다고 생각할 수도 있다.

건설업에 대한 전반적인 의견이 어떻든 간에 기업 역량, 해외수주 실적이 최근 주춤하고 있다는 점에서 향후 건설업의 경쟁력 개선이 필요하다는 의견에는 이의를 제기할 수 없을 것이다.

그렇다면 건설업의 경쟁력 우위 또는 강화를 위한 대안은 무엇일까? 여기서는 그간 건설업의 경쟁력 저하 요인으로 지적되었던 대표적인 사항들을 살펴보고 그 대안을 소개하고자 한다.

총요소생산성(Total Factor Productivity)
노동생산성과 자본생산성으로 설명되지 않는 생산성을 의미한다 일반적으로 기술수준, 혁신역량을 총요소생산성으로 보는 경우가 많다.

건설업 경쟁력 저하의 요인으로 자주 거론되는 것은 낮은 생산성이다. 생산성은 노동생산성, 자본생산성, **총요소생산성**으로 구분된다. 건설업은 노동집약적 성격이 강하다 보니, 낮은 노동생산성이 주된 문제로 지적된다.

노동생산성은 근로자 1인이 일정 기간 산출하는 생산량 또는 부가가치를 뜻한다. 이는 정확한 측정이 어렵기 때문에 근로자 수와 매출액 등을 통해 계산하는 경우도 심심치 않게 볼 수 있다. 국토교통부 자료에 따르면 우리나라 건설업 노동생산성은 선진국 대비 50~70%에 불과한 것으로 나타난다. 얼핏 생각해 보면 우리나라만큼 건물을 빠르게 지을 수 있는 국가도 드물 것 같은데, 막상 수치를 통해 알아본 노동생산성은 낮게 나타나니 의외라고 생각할지도 모르겠다. 노동생산성이 낮은 이유로는 기능인력의 고령화, 숙련인력의 부족, 낮은 직접시공 비율 등이 거론되고 있다.

낮은 수익성도 문제다. 전 세계는 10년 이상 저물가 시대를 향유했다. 제조업 분야는 디지털화, 자동화, 대량생산 등을 통해 생산 비용을 줄이며 수익성을 유지했다. 그러나 건설업은 어떠한가? 모든 산업 가운데 디지털화, 자동화가 가장 더디게 진행되고 있다고 해도 과언이 아니다. 건설업 특성상 주문생산을 통한 대량생산 자체가 어렵다. 상황이 이렇다보니, 건설업 생산성은 지속해서 하락하고 있다.

물론 대안은 있다. 건설업에서도 디지털화, 자동화를 추구하면 된다. 그러나 이미 뒤처져 있는 건설 현장에 바로 적용하기는 쉽지 않다. 생산구조와 방식, 제도까지 아직 뒷받침되지 않았기 때문이다. 하지만 시간이 걸리더라도 건설업이 오랫동안 지속하기 위해서는 결국 디지털이라는 옷을 입고 변신을 꾀해야 한다. 다른 산업보다 한참 늦어지더라도 이러한 변화 없이는 살아남기가 쉽지 않아 보인다. 어쩌면 시대의 흐름에 맞춘 이 방안은 선택해야 하는 것이 아닌 생존을 위한 필수 사항일지도 모른다.

마지막으로 손꼽히는 요인은 분절된 **생산체계**다. 우리나라 건설 생산체계는 설계와 시공의 참여자를 구분 짓고 있으며, 시공 역시 종합건설과 전문건설로 나누고 있다. 최근 제도 개선에 따라 종합과 전문건설의 장벽은 일부 허물어지는 추세지만, 설계와 시공의 구분은 여전하다. 이러한 구분은 기업별 기술경쟁력 제고에 부정적 요인으로 작용한다. 건설업의 전체 과정을 효율적으로 관리하기 위해서는 설계와 시공의 협업이 중요하다. 그런데 지금의 분절된 제도 내에서는 분야별 참여자가 다르기 때문에 어려움이 존재할 수밖에 없다.

물론, 모든 생산체계를 통합하다 보면 부작용이 생길 수 있다. 설계나 전문건설을 담당하는 기업의 경우 중소기업이 대부분을 차지하고 있어서 일정 부분의 피해가 불가피할 것으로 예상된다. 하지만 대부분의 선진국에서 이미 생산체계의 구분을 없애고 설계와 시공의 규제 역시 완화되어 있다. 이는 생산체계 통합의 부작용보다 이익이 크다는 것을 간접적으로 보여주고 있는 것이다.

이미 우리도 이런 방향성은 잡은 듯하다. 현재 일부 종합건설과 전문건설의 단절의 벽이 허물어지는 중이다. 시장의 상황을 보며, 시공과 설계의 단절을 넘어설 수 있는 방안을 고민해야 한다.

생산체계
건설산업에서 시설물이 만들어지는 일련의 과정으로 설명할 수 있다. 현재 건설산업을 기존 생산체계에서 많은 부분이 변화하고 있다. 종합과 전문의 업역장벽이 사라지고 세부업종 또한 개편 중이다.

건설업은 단일 산업 중 최대 규모의 산업이다. 우리 주변에 가까이에 항상 있었고, 앞으로도 반드시 있어야 하는 꼭 필요한 산업이다. 우리의 윤택한 삶의 질 개선과 더 나은 환경을 위해서라도 건설업은 경쟁력 있는 산업으로 남아야 한다. 새로운 시대에 발맞춰 도약하는 건설산업의 밝은 미래를 기대해보자.

건설기업이 스스로 인식하는 경쟁 요소

개별 건설기업의 경쟁력은 무엇일까?

아마 이 질문에는 다양한 대답이 나올 듯하다. 거창하게 보면 연구개발, 기술혁신이라는 답변이 있을 테고, 결국 수주산업이기 때문에 영업력이 가장 중요하다는 응답도 적지 않을 것이다. 또 누군가는 기업 CEO의 경영능력이라는 대답을 내놓을 수도 있다.

2016년 '전문건설기업 경쟁력 강화 전략 연구'라는 프로젝트를 수행한 적이 있다. 건설기업의 경쟁력 요인을 14가지로 구분하여 각각의 중요도를 알아보는 평가를 하였다. 몇 년 전의 조사지만, 중소기업의 경쟁 환경 변화가 크지 않다는 점에서 여전히 의미 있어 보여 여기에 주요 설문조사 결과를 소개하고자 한다.

당시 524개 건설기업이 설문조사에 응답하였는데, 건설기업이 생각하는 가장 큰 경쟁력은 공사 및 현장관리 능력이었다. 이외에도 공사비 견적능력, 영업력, 최고경영자의 관리능력 등을 건설기업의 중요한 경쟁력 요소라고 생각하는 것을 알 수 있었다.

반면, 연구개발 활동, 신시장 진출 능력, 해외 건설시장 개척 등은 비교적 중요도가 낮게 책정되었다. 이는 중소기업이 대다수를 차지하는 전문건설업의 특성상 새로운 시장에 진출하는 것보다 먼저 눈앞에 있는 현실을 우선적으로 고려했기 때문으로 판단된다.

만약 대기업을 대상으로 한 조사였다면 어땠을까? 예상이 쉽지는 않으나, 상대적으로 신시장, 해외시장 개척 등이 높게 나타날 가능성이 커 보인다.

건설기업 경쟁력 강화 요소 평가

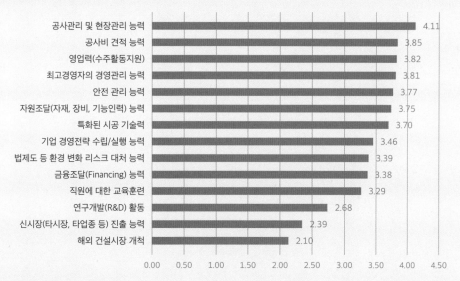

자료: 대한건설정책연구원(2016)

PART 2.

경제원리로
이해하는
건설시장

건설업도
결국 사람이 하는 일

건설의 시작과 끝, 건설노동자
200만 명이 훌쩍 넘는 건설업 취업자
늙어가는 건설인력
건설인력의 고령화, 대안은 있는가?

[코너]
건설업 종사자, 임금수준은 어떠한가?

4장 | 건설업도 결국 사람이 하는 일

건설의 시작과 끝, 건설노동자

'건설노동자'라고 하면 어떤 단어가 가장 먼저 떠오르는가? 아마도 많은 사람들이 '노가다'라고 답할 것이다. '노가다'라는 말은 30, 40대 남자들에게는 꽤나 친숙한 말이다. 대학 시절 학비를 마련하기 위해 많은 학생들이 과외를 하기도 했고, 식당이나 편의점에서 아르바이트를 하곤 했다. 용기(?) 있는 친구들 가운데는 한두 달 정도 힘은 들지만 '건설현장에서 함께 노가다라도 하는 건 어떨까?'라고 의견을 던진 친구도 있을 것이다. 사실 직접 경험하지는 못했으나, 선배나 친구들의 건설현장 무용담을 듣던 시절도 있었다.

대한민국의 많은 남자들이 경험해본 노가다(건설노동)라면 꽤 많은 사람들이 건설현장에서 일하고 있을 법도 한데, 과연 그 수는 얼마나 될까? 건설노동자에 대해 자세히 알아보자.

일용근로자와 건설업체를 이어주며, 일정 수수료를 떼어 가는 건설 인력사무소가 전국에 8,000여 개가 있는 것으로 조사되고 있다. 이 중 우리나라 최대의 건설노동시장은 중국교포들이 가장 많이 밀집해 있는 서울 구로구 일대다. 이곳은 7호선 남구로역 바로 앞이라 대중교통

> **노가다**
> '노가다'라는 말은 일본어 도카타(土方, 막일꾼)에서 나온 속어로 건설현장에서 특별한 기능을 갖추지 않고도 여러 가지 일을 하는 인부를 의미한다. 부정적이거나 자조적 의미로 자주 사용하다 보니, 건설 종사자의 사기를 떨어뜨리는 요인으로 작용한다.

접근성이 나쁘지 않다. 구로구 일대는 수십 개의 인력사무소가 빼곡히 모여 있어 현장 일거리가 가장 많고 승합차로 현장까지 데려다주니, 일용근로자 입장에서는 기회의 장소로 인식되고 있다.

새벽 5시를 전후로 1,000여 명 이상이 몰리는 남구로역 주변에는 중국교포를 포함해 은퇴자, 고령자들이 매일 같이 줄을 선다. 그렇다고 모두가 매일 일할 수 있는 것도 아니다. 30일 가운데 보름 정도 일을 하고, 나머지 기간은 허탕을 치고 돌아간다. 누군가는 건설 일용 근로자를 노가다라고 비하할 수도 있지만, 막상 이들은 특별한 기술 없이도 열심히 일하면 하루 10~15만 원의 일당을 받을 수 있으니, 이만한 직업도 없다고 느낄 것이다. 새벽부터 하루 일자리를 찾기 위해 사람들이 모여드는 이곳을 건설노동자와 건설현장을 이어주는 가장 기초적인 플랫폼이라고 부를 수 있지 않을까?

건설인력시장 모습-서울 남구로역

온라인 인력시장 플랫폼
최근 건설현장 일자리를 찾아주는 인력 모바일 중개 플랫폼이 인기다. 구글 Play 스토어에는 대표적으로 '일다오', '가다'라는 애플리케이션이 있다.

코로나19 팬데믹 이후 건설 인력시장에도 조금씩 변화가 감지되고 있다. 사회적 거리두기가 일상화되고 비대면 사회로의 전환이 가시화되면서 건설 인력시장에도 느리지만 서서히 온라인 물결이 스며들고 있다. 아직은 온라인 인력시장 플랫폼이 오프라인에 비해 생소하고 시장점유율은 미미하지만, 점차 온라인화가 확대될 것은 분명해 보인다.

<플랫폼의 작동방식>

1. 건설사가 일자리의 장소/시간/내용을 플랫폼에 등재

2. 근로자는 일자리 중 원하는 곳에 지원 신청

3. 신청 당일 구직자에게 매칭된 작업 장소/시간 통지

4. 근로자는 다음날 매칭된 현장에 가서 작업

5. 작업이 끝나면 당일 근로자 계좌로 작업수당 지급

무엇보다 오프라인에 비해 온라인 인력시장은 효율적이며, 노동시장에서 수요자와 공급자 모두에게 이익을 가져다준다는 점에서 변화의 바람을 읽을 수 있다. 온라인화가 정착되면 새벽마다 인력시장에서 줄을 설 필요가 없다. 하루 또는 이틀 전에 원하는 일자리를 온라인을 통해 매칭하면 그만이다. 또 온라인으로 신청한 노동자들은 건설현장으로 바로 출근하기 때문에 대기시간이라는 낭비도 없어진다.

또 중요한 이점은 일용근로자가 4대보험 혜택을 누릴 수 있다는 것이다. 고용노동부 자료에 따르면 건설업 비정규직 노동자의 4대보험 가입률은 고용보험 78%, 건강보험 31%, 국민연금 30.6%, 산재보험 99%로 나타나고 있다. 특히, 건강보험과 국민연금 가입률이 유독 낮은데, 인력시장의 온라인화는 이러한 문제 해결에 도움이 될 수 있을 것으로 기대된다.

건설현장의 일용직 근로자 상당수는 매일 또는 일주일 단위로 다른 일터로 자리를 옮겨 다니는 경우가 많다. 그간 건설노동자들의 이러한 일정하지 않은 노동 패턴은 4대보험 가입률을 제자리걸음 하게 하는 원인이었다. 그래서 정부는 2008년부터 건설노동자의 사회보험 적용 대상을 월 20일 이상 근무한 노동자에서 8일 이상으로 확대하여 건설 근로자의 4대보험 가입률을 높이고 있다.

건설 인력시장의 온라인화는 청년층의 건설업 유입에도 어느 정도 도움이 될 것으로 보인다. 건설현장 노동은 3D직업(Difficult, Dirty,

일용직 근로자의 평균 근로일수

일용직 근로자의 평균 근로일수는 정확한 통계는 없지만, 각종 연구자료에 의하면 약 20일로 조사되고 있다. 상용직 근로자 평균 근속이 6.8년임을 감안하면 매우 낮은 수준이다.

Dangerous)으로 인식되어 청년들에게는 기피하는 직군으로 여겨졌지만, 온라인 플랫폼화는 그들의 접근가능성을 높이기 때문에 임시로 건설현장을 선택하는 가능성을 높여줄 것으로 예상된다. 그리고 건설사 입장에서도 이득이다. 오프라인으로 인력을 모을 때는 인력수급이 원활하지 못한 경우가 비일비재한 데 반해, 온라인을 활용하면 사전에 예측가능성을 높일 수 있어 현장 관리 리스크를 줄일 수 있다.

건설노동자는 노가다라는 말로 비하되는 경우가 일쑤지만, 건설은 결국 사람의 손에서 시작되고 또 끝이 난다. 우리가 좋은 아파트에서, 또 높은 빌딩에서 편히 지낼 수 있는 것은 어쩌면 이들의 피와 땀이 있었기 때문인지도 모른다.

200만 명이 훌쩍 넘는 건설업 취업자

건설인력 성별 비중

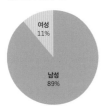

건설산업 전체 여성비중은 11%에 불과하다. 이는 전체 산업에서 여성인력 비중이 40%가 넘는 점을 감안하면 매우 낮은 수준이다.

자료: 통계청

건설업 취업자 통계는 다양하게 존재하나, 여기서는 매월 발표되는 통계청의 '경제활동인구조사'를 기반으로 설명하고자 한다. 건설업은 그 특성상 계절성이 매우 강하다. 즉 혹한기(겨울철)와 혹서기(여름철)에는 건설업 취업자 수가 소폭 줄어들고, 건설공사가 가장 활발하게 이루어지는 봄과 가을에는 증가하는 특성이 있다. 최근 3년간 건설업 취업자 수를 보면 대략 200만 명이다. 우리나라 전체 취업자가 2,700만 명 정도이니, 건설업 취업자는 전체 취업자 중 약 7.5%를 차지하고 있다.

건설업 취업자를 직종별로 구분하면 크게 사무직, 기술직, 기능직, 임시직(일용직)으로 나눌 수 있다.

사무직은 공사현장 업무에는 직접 관여하지 않는 관리직이나 전문직을 의미한다. 이들은 건설업체에서 행정, 회계, 자금 등을 관리하는 인원으로 약 24만 명이 사무직에 종사하고 있으며 건설업 취업자 중 12%를 차지한다.

기술직은 직접 건설시공 활동은 하지 않지만 건설공사의 설계와 시공에 관한 전반적인 감독업무를 수행하는 사람들로 기술사, 기사, 기능장 등으로 불린다. 기술직 종사자는 약 52만 명으로 건설업 취업자 중 26%를 차지한다. 한국건설기술인협회에 등록된 기술자가 약 88만 명이니 이 중 60%가 현재 활동 중이라는 것을 알 수 있다.

기능직은 건설공사의 시공에 직접 종사하는 사람들로 기능사 자격을 가지고 있다. 이들은 한 직종에서 1년 이상 경험을 가지고 있어야 하며 현장에서는 숙련공, 반숙련공 등이 기능직 종사자다. 현재 16만 명 정도로 파악되며, 이는 건설업 취업자의 8%를 차지한다.

임시직은 일용직 근로자로 1년 미만의 고용계약을 맺고 취업일수 및 취업시간에 따라 임금을 받는 현장근로 종사자다. 단순노무자, 조공, 보통 인부 등을 의미한다. 일용근로자의 수는 약 108만 명으로 건설 취업자의 54%를 차지한다. 그런데 108만 명이라는 숫자는 국내 취업자 수를 의미하기 때문에, 실제 임시직 일용근로자는 이보다 훨씬 많을 것으로 추정하고 있다. 바로 외국인 근로자가 건설업에 상당수 종사하고 있기 때문이다. 외국인 근로자가 건설업에 얼마나 종사하는지에 대해서는 다양한 의견이 존재한다. 왜냐하면 합법적으로 국내에 체류하고 있는 근로자와 불법체류자가 혼재되어 있기 때문이다. 산업인력공단에서는 약 18만 명(합법: 9만 명, 불법: 9만 명)으로 추정하고 있으며, 건설근로자공제회에서는 21만 명으로 보고 있다. 어떤 통계로 보더라도 20만 명 가까운 외국인이 건설업에 종사하고 있으며, 이들 대부분은 임시직 일용근로자일 가능성이 크다.

결과적으로 국내 근로자와 외국인 근로자를 합치면 건설업 취업자는 약 220만 명을 넘어선다. 한 분야의 취업자 수로는 결코 적지 않은 수치다.

건설 직종별 취업자 수(2020년 기준)

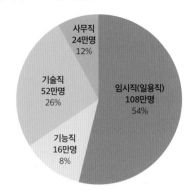

사무직
24만명
12%

기술직
52만명
26%

임시직(일용직)
108만명
54%

기능직
16만명
8%

자료: 통계청

늙어가는 건설인력

한국의 고령화와 저출산율
<영국 옥스퍼드대>
"한국은 아이를 낳지 않는 나라, 300년 뒤 지구에서 사라질 것"
<삼성경제연구소>
"2100년 대한민국 인구 2468만 명으로 반토막, 2500년 대한민국 인구 33만 명, 민족이 소멸"
<국회 입법조사처>
"2750년 대한민국 인구가 멸종"

UN 기준 고령화 사회
· 고령화 사회(2000년 진입): 65세 이상 인구 7%
· 고령 사회(2018년 진입): 65세 이상 인구 14%
· 초고령 사회(2026년 진입 예상): 65세 이상 인구 20%

미래 우리나라의 아킬레스건은 누가 뭐래도 저출산과 고령화다. 우리나라는 세계에서 고령화 속도 1위, 출산율은 최하위로 심각한 상황에 부닥쳐 있다. 영국 옥스퍼드 대학교 인구문제연구소는 지구상에서 가장 먼저 사라질 나라로 우리나라를 꼽았다. 낮은 출산율과 고령화 인구의 빠른 증가 탓이다. 우스갯소리를 하자면, 우리나라는 길지 않은 시간 안에 늙어 죽는다는 의미다. 특정 산업의 경쟁력이 우위에 있느냐 열위에 있느냐의 문제가 아니다. 생산성의 높고 낮음의 문제도 아니다. 나라가 늙어간다는 것은 슬픈 일이다.

우리나라의 인구 고령화 속도는 유례없이 빠르게 진행되고 있다. 2019년 통계청의 장래추계인구 자료에 따르면 65세 이상 인구는 2030년까지 연평균 4.8%씩 증가할 것으로 예상한다. 현재 65세 이상 인구는 813만 명으로 전체 인구의 15.7%를 차지한다. 2025년에는 65세 이상 인구가 총인구의 20%를 넘는 초고령사회에 진입할 예정이며, 2067년에는 인구의 절반에 가까운 46.5%가 고령인구가 될 전망이다.

고령화가 빠르게 진행되면서 대부분의 산업도 늙어가고 있다. 그중에서도 건설업은 고령화 문제가 더욱 심각하다. 특히, 건설현장에서 직접 생산에 참여하고 있는 건설 기능인력의 고령화는 위험수준에 이르렸다. 무엇보다 청년들의 신규 유입이 부재하기 때문이다. 건설시장에 진입한 미숙련공이 반숙련공 또는 숙련공이 되기 위해서는 최소 3년에서 5년 이상의 경험이 필요하다. 이처럼 건설기능 습득이 단기간에 이루어지지도 않을뿐더러, 청년층의 건설업 기피 현상도 갈수록 심해지고 있어, 이 문제는 업계에서 매우 심각하게 받아들여야 할 사안이다.

　건설 기능인력 고령화 통계를 보면, 기능인력 50대 이상 취업자 비중은 52.8%로 전체 산업 평균 39.8%에 비해 13%p가 높다. 60대 이상 비율도 16.3%나 된다. 반면, 30대 이하 취업자는 19.2%로 전체 산업 평균 35.4%에 비해 16.2%p 낮다. 20대의 비중은 5.7로 다른 산업에 비해 더욱 낮다. 이미 초고령 사회에 돌입한 일본의 30세 미만 건설업 종사자 비중이 10.7%인 것을 생각해보면, 한국의 건설업 고령화는 일본보다 훨씬 심각한 수준이라는 것을 알 수 있다.

건설 기능인력의 고령화

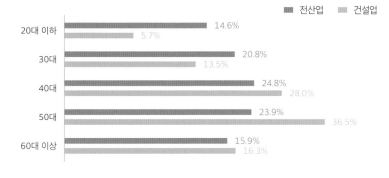

자료: 통계청

　건설 기능인력의 고령화 속도를 보면 문제는 더욱 심각하다. 2000년 30대 이하의 건설 기능인력은 33.6%였으나, 2019년 19.2%로 14.4%p가 줄어들었다. 40대 역시 같은 기간 34.0%에서 28.0%로 줄었다. 반면, 50대는 19.4%에서 36.5%로 17.1%p 증가하였다. 60대 이상도 5.4%에서 16.3%로 크게 늘어났다.

건설업의 고령화가 다른 산업에 비해 빠르게 진행되는 이유는 상대적으로 열악한 근로여건, 낮은 임금, 잦은 안전사고, 비정규직 고용으로 일자리의 안정성이 떨어진다는 데 있다. 건설업 생산요소 중 노동이 차지하는 중요성과 비중이 여전히 가장 크다는 점을 고려하면, 건설업 고령화 문제가 중장기적으로 산업기반 붕괴로까지 이어지지 않을까 걱정해야 하는 상황이다.

건설업 정규직 상용근로자 비중

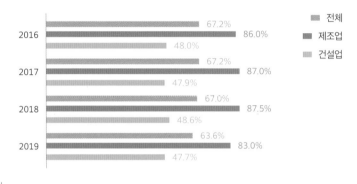

자료: 통계청

건설인력의 고령화, 대안은 있는가?

최근 건설시장의 메가트렌드는 4차 산업혁명, 디지털/스마트 혁신이다. 거대한 기술변화가 이미 우리 앞에 와 있고, 가속화될 것임에는 의심의 여지가 없다. 건설업 역시 로봇시공을 비롯한 자동화, 공장제작화 등으로 다양한 변화가 있을 것으로 보인다. 그렇다고 해서 건설인력의 중요성이 사라지는 것은 아니다. 일본 5대 건설사 중 하나인 시미즈 건설은 건설공사 기술은 복잡하고 섬세하기 때문에 로봇이 처리할 수 있는 범위는 제한적이라고 말한다. 독일 역시 건설기술의 인력 대체 한계를 언급하면서 숙련인력의 중요성을 강조하고 있다. 이는 건설업은 그 특성상 결국 사람의 손에서 시작과 끝이 난다는 의미이기도 하다.

건설업의 지속가능성을 확보하기 위해서는 무엇보다 신규 인력의 유입이 지속되어야 한다. 그런데 문제는 건설 기능인력의 고령화에 대한 현실적이고 구체적인 대안이 많지 않다는 데에 있다. 청년층의 건설업 유입을 위해서는 기업에 대한 임금 지원, 세제 지원 등의 금전적 혜택을 줄 수 있다. 또 청년고용 건설기업에 입찰 시 가점을 주는 것도 하나의 방법일 수 있다. 그런데 누군가 "당신이라면 하나밖에 없는 자식을 위험한 건설현장에 취업시키겠냐?"라고 물어본다면, 딱히 마땅한 답을 찾기 어려울 것이다.

대안이라는 것들이 형식적일 수도 있고 현실성이 없을 수도 있으며 막연할 수도 있다. 그러나 답을 찾아내는 노력은 계속해야 한다. 그래야만 건설업의 미래가 있다.

건설업의 미래도 결국 인적자원에 달려 있다면, 현재 그들의 불만과 애로사항이 무엇인지도 면밀히 들여다볼 필요가 있다.

'건설현장의 고령자 취업실태와 정책과제' 국회토론회 자료에 따르면, 건설현장 근로자 약 1,000명을 대상으로 건설현장에서 가장 불만스러운 사항을 물었을 때 '불안한 일자리'를 1순위로 꼽았다.

연령대별로 약간의 차이는 있지만, 불안한 일자리는 종사자 전 연령층에서 심각한 문제로 인식하고 있었다. 임시직 위주의 고용구조로 인해 일용근로자의 경우에는 일거리 자체가 하루가 될 수도 한 달이 될 수도 있다. 이러한 문제제기는 어찌 보면 당연한 결과라고 할 수 있다. 수주산업이 가지는 한계로 결국 적정한 공사비가 확보되어야 문제의 근본적인 해결이 가능하다.

그리고 건설산업의 고령화를 늦추기 위해서는 청년층의 신규 유입이 중요하기 때문에 20대의 응답에 주목할 필요가 있다. 다른 연령층과 차별화된 유의미한 불만사항에는 20대 응답자 절반이 지적한 '3D 작업환경'이 있다. 전체 응답률 12.7%에 비해서도 매우 높은 수치가 나왔다. 이를 통해 청년층의 유입을 위해서는 건설현장의 작업환경 개선이 중요하다는 것을 알 수 있다. 건설현장은 토목, 건축 등 공종에 따라 차

건설기능인 등급제
건설기능인도 기술자와 같이 경력관리를 위해 초급·중급·고급·특급으로 구분해 관리하고자 시행된다.

이는 있으나, 공통적으로 소음, 분진, 진동 등 유해인자들이 상당하다. 일부 현장은 화장실, 탈의실, 샤워장 등 휴게시설도 매우 부족하다. 이러한 후진적인 환경에서는 청년층의 신규 유입을 기대하기는 어렵다.

또 '경력입증 어려움'에 대한 응답(10%)도 20대에서 상대적으로 높게 나타났는데 이는 현장근로자라 하더라도 숙련도에 따라 자격을 인정하는 제도가 필요함을 시사한다. 마침 현장인력의 체계적인 양성을 위해 2021년부터 '건설기능인 등급제'가 시행될 예정이라 이는 신규 인력 유입에 도움이 될 것으로 기대된다.

건설현장 불만요인(근로자 대상 설문조사)

구분	직업전망 부재	불안한 일자리	3D 작업환경	장시간 근로	낮은 임금	노후대책 부재	경력입증 어려움
전체(%)	11.8	35.8	12.7	7.5	11.9	17.8	2.5
20대	0.0	30.0	50.0	0.0	10.0	0.0	10.0
30대	10.0	39.2	21.6	4.2	10.0	13.3	1.7
40대	11.4	34.2	13.7	8.6	12.0	18.0	2.1
50대	12.4	35.2	12.0	8.3	11.9	17.9	2.7
60대 이상	13.0	39.0	7.6	5.1	12.6	19.9	2.9

자료: 심규범(2019), 건설현장의 고령자 취업실태와 정책과제 국회토론회 자료

청년층의 건설업 유입은 기존 고령화되어 있는 인력의 역량을 전수할 수 있다는 점에서 의미가 있다. 그러나 이보다 중요한 것은 향후 빠르게 적용되는 미래기술의 건설업 적용을 용이하게 해준다는 점에서도 청년층의 건설업 유입이 매우 중요한 의미를 가진다.

건설업 종사자, 임금수준은 어떠한가?

경제학에서는 노동시장의 임금결정에 대한 다양한 이론이 존재한다. 기본적으로 임금은 중장기적으로 노동시장의 수요와 공급에 의해 결정된다. 생산성 역시 중요한 요인이다. 역사적으로 살펴보면 실질임금은 노동생산성 증가율과 비슷한 추세를 보이며 상승해 왔기 때문이다. 그러나 현실에서는 기업의 자금사정, 물가상승률, 노동조합, 최저임금 등 다양한 요인에 의해 영향을 받는다. 여기서는 건설업 종사자의 임금수준을 평가하기 위해 나름 몇 가지 이론을 통해 설명해보고자 한다.

첫째, 임금은 노동의 수요와 공급으로 설명할 수 있다. 노동에 대한 수요가 공급에 비해 많으면 자연스레 임금은 올라간다. 반대로 노동의 수요에 비해 공급이 많다면 임금은 감소한다. 예를 들어 법률자문과 소송에 대한 수요는 많은데, 변호사의 숫자가 충분하지 않다면 변호사의 임금은 당연히 올라갈 수밖에 없다.

둘째, 수요자의 제공임금(offer wage)과 공급자의 유보임금(reservation wage)으로 설명하는 경우도 있다. 노동시장 수요자의 제공임금은 처음에는 낮게 설정되나, 시간이 지나도 적정 근로자를 구할 수 없게 되면 올라간다. 반대로 공급자는 초기에 받고자 하는 유보임금은 높으나, 이 역시 시간이 지나도 일자리를 구하지 못하게 되면 유보임금은 하락한다.

셋째, 임금결정에 있어 수요와 공급 외에 함께 고려해야 할 것이 직업의 속성에 따른 차별이다. 경제학에서는 이를 '보상적 임금격차'라 하는데, 특정 직업이 힘들고 위험하거나 불안정하다면 그 리스크를 임금차로 보상해 더 높은 임금을 주는 것을 의미한다. 여기에 계절성이 있어 지속적이지 못한 직업이라면 더 많은 임금을 받게 되며, 지식이나 기술습득에 투입된 시간과 노력이 많았다면 이 역시 임금으로 보상되어야 한다. 아찔한 높이의 건물에서 외줄 하나에 매달려 유리를 닦는 사람의 모습을 본 적이 있을 것이다. 그리고 이러한 질문을 스스로에게 던져도 보았을 것이다.

'저렇게 힘들고 위험한 일을 하는 사람들은 하루에 얼마나 벌까?'

굳이 정답이 있다면 이러한 위험한 일을 하는 사람들은 높은 일당을 받는다. 그렇다고 '왜 저 사람들이 나보다 많이 벌어?'라고 불만을 가지는 사람들은 별로 없을 것이다.

그렇다면 건설업 종사자는 얼마나 많은 임금을 받고 있을까?

건설업이란 직업의 속성을 생각해보자. 우선 건설직종 중 사무직은 다른 직업과 큰 차이가 없지만, 현장에서 직접 공사를 수행하는 직종은 이야기가 달라진다. 많은 사람들이 건설업하면 3D업종이라고 인식한다. 힘들고, 더럽고, 위험하다는 의미인데, 그렇다면 건설업의 이러한 직업 속성이 차별적인 임금으로 보상되고 있을까? 건설시장, 건설현장에 보상적 임금격차가 존재한다면 이들의 임금은 높은 수준에서 결정되어야 한다.

통계청 자료를 기반으로 분석한 건설업 월평균 임금은 338만 원으로 나타났다. 직종별로 보면 사무직과 기술직은 각각 361만 원, 369만 원으로 평균을 상회하며, 기능직과 임시직은 각각 281만 원, 328만 원으로 평균보다 낮은 수준인 것으로 나타났다.

임시직 임금이 사무직과 기술직에 비해 큰 차이가 나지 않고, 기능직에 비해서는 오히려 높으니, 나쁘지 않은 임금수준이라 생각할 수도 있다. 그러나 현장에서 위험하고 고된 육체적 노동에 종사한다는 점을 감안하면 결코 높은 수준이라고는 할 수 없다. 결과적으로 건설현장에서 보상적 임금격차가 나타난다고 말하기는 쉽지 않다.

건설근로자공제회의 조사통계를 보면 임시직 근로자의 연령별 임금은 50대가 가장 높게 나타났는데, 이는 숙련도가 반영된 결과로 판단된다. 반면, 20대와 30대의 월평균 임금은 상대적으로 낮은 수준이다. 특히, 20대의 월평균 소득은 215만 원으로 조사되었는데. 이 수준으로는 자발적으로 건설시장에 청년층이 신규 진입할 것이라 기대하기는 어렵다. 노동강도와 작업환경을 반영한 현실적인 임금 수준이 담보되지 않으면, 현재의 임금수준은 청년층이 건설업계에 진입할 유인으로 작용하지는 않을 것이다.

건설 직종별 월평균 임금

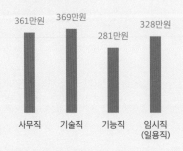

자료: 통계청(2020), 건설업조사

임시직 근로자 연령별 월평균 임금

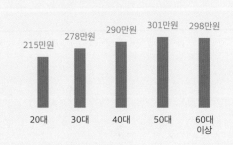

자료: 건설근로자공제회(2019), 실태조사 보고서

튼튼한 건축물,
비결은 좋은 자재와 장비

5장

튼튼한 건축물, 비결은 좋은 자재와 장비

건설원가 쪼개보기

아파트 가격 상승세가 무섭다. 모든 세상 이치가 그렇듯 세상사에 오르막길만 있는 것은 아니다. 경제 상황도 마찬가지다. 오를 때가 있으면 분명 내릴 때도 있다. 그런데 5년 이상 끊임없이 상승하는 아파트 가격을 보면 어떤 생각이 드는가? 이제는 많은 사람들이 '정말로 경제는 순환할까?'라는 의심까지 품게 되었다. 아파트의 비싼 가격을 마주하면 처음에는 이 아파트의 가격이 "정상일까 아니면 비정상일까?"라는 생각이 들다가 "도대체 저 아파트, 저 건물의 원가는 얼마나 될까"라는 의문으로 이어지기도 한다.

일반적으로 건축물을 지을 때 사업비용은 크게 토지비, 건축비, 경비, 금융비용 등으로 구성된다. 시설물에 따라 차이는 있으나 토지비 35%, 건축비 50%, 경비 10%, 금융비용 5% 정도로 이루어진다. 상대적으로 지가가 비싼 서울은 토지비가 60% 이상에 이르는 경우도 있고, 수도권 역시 50% 이상인 지역이 상당수다. 오피스빌딩이 밀집된 서울의 강남, 종로, 여의도 등의 토지비는 상상을 초월한다. 2014년 세상을 떠들썩하게 했던 현대자동차의 강남구 삼성동 한국전력 부지 매입금액은 10조 5,500억 원으로 평당 4억 4천만 원에 이른다. 실제 현대차가 서울시에 **기부채납**해야 하는 부지가 40%임을 고려하면 실매입가는 평당 7억 5천만 원에 육박한다.

토지비를 제외한 실제 건축물을 지을 때 건축비는 얼마나 소요될까? 국토교통부는 매년 공사비와 설계감리비, 부대비용 등을 감안하여 **표준건축비**를 고시한다. 정부의 표준건축비는 건축비용의 기준금액이 아닌 상한금액이기에 실제 건축비는 표준건축비보다는 낮다. 2021년 표준건축비는 제곱미터당 205만 원 가량이니, 이를 평단가로 환산하면 평당 표준건축비는 대략 676만 원이다. 즉, 건축물을 지을 때 아무리 비싸더라도 평당 676만 원을 넘지 않는다는 의미다. 건축물의 고급화로 건축비가 증가하고 있으나, 실제 건축비는 정부가 고시한 표준건축비 내에서 소화 가능하다는 것이 중론이다.

순수 건설비용만 따져보면 건축비는 자재비(재료비), 노무비, 경비로 이루어진다. 단일 계정 중 건설원가에서 비중이 가장 큰 것은 자재비다. 2020년 한국은행 기업경영분석 자료에 의하면 2019년 건설기업 전체 총 제조비용은 358조 원에 달하고, 그중 자재비는 31.5%로 113조 원으로 나타났다. 노동의 대가인 노무비는 15.7%로 56조 원을 차지한다. 경비는 52.8%로 가장 커 보이나, 외주가공비, 복리후생비, 전력비, 감가상각비, 임차료, 세금과공과, 보험료 등 수십 개의 계정으로 이루어져 있다. 경비 중에는 외주가공비가 전체 공사비의 31.9%로 압도적으로 그 비중이 크다. 건설공사가 수직·수평적 도급구조이다 보니 하도급을 활용한 생산이 많기 때문이다.

전반적인 건설원가를 보면서 어떤 생각이 드는가? 하늘 높은 줄 모르고 오르는 아파트 가격에 비해 건설원가가 터무니없이 낮은 것일까, 아니면 적정한 수준일까? 아파트 가격처럼 건설원가도 자재수급 상황, 인건비 상승률 등 여러 경제적 상황에 따라 가격 변동성이 크다. 그래서 건설원가만을 기준으로 아파트 가격의 적정성을 따지는 것은 어쩌면 무용한 일일지도 모른다.

기부채납
개인 또는 기업이 부동산을 비롯한 재산의 소유권을 무상으로 국가나 지자체에 이전하는 행위다.

표준건축비(단위: 만원/m2)

자료: 국토교통부

이번 장에서는 건설원가에서 가장 큰 비중을 차지하고, 건축물의 가치를 높이며 내구성을 향상해 주는 건설자재에 대해 알아보고, 건설현장에서 주로 사용되는 건설장비도 살펴보기로 하자.

건설업 제조원가명세서(2019년 기준)

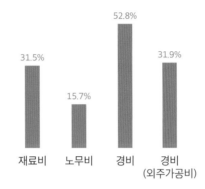

자료: 한국은행(2020), 기업경영분석

건설자재, 그 종류만 수천 가지

어린 시절 누구나 한 번쯤은 조립식 장난감 레고를 경험해봤을 것이다. 돌이켜보면 나는 시골에서 자랐기에 레고를 그림으로 보거나 누군가의 집에 장식된 것만 보았다. 이에 대한 보상심리였을까? 아이가 태어나고 무수히 많은 레고를 사서 함께 조립했다. 레고로 집을 만들거나, 에펠탑과 같은 위대한 건축물을 만드는 작업은 실로 흥미로운 일이었다. 조립식 블록으로 한두 시간이면 원하는 것을 뚝딱 만들 수 있기 때문이다.

그러나 레고와는 다르게 실제 건축물은 매우 복잡한 과정을 통해 완성물이 만들어진다. 또 건축물에는 수백 수천 가지의 자재가 사용된다. 그 종류가 너무 많다 보니 건설자재의 범위와 유형을 구분하는 통일된 기준조차 찾기가 어렵다.

건설자재는 건축물의 뼈대를 이루는 구조재 시장과 그 뼈대를 치장하는 마감재 시장으로 구분하는 경우도 있으며, 구조재, 철강재, 비철금속, 내외장재, 도료, 창호재 등과 같이 재료별로 분류하여 제시하기도 한다. 또 어떤 경우에는 건설공사 공종별로 구분하여 건축자재, 토목자재, 기계설비자재, 전기통신자재로 분류하기도 한다.

건설자재 재료별 분류

분류	소분류	분류	소분류
구조재료	골재, 시멘트, 혼화재 조적, 지붕재, 콘크리트 가공제품, 말뚝, 구조용 목재	철강·비철 재료	강재, 판재, 선재 및 봉강 용접봉, 구조용강판, 볼트 너트류, 주철·주물·주강 등
내·외장재	합판, 내외장 패널 바닥재, 미장재, 지류	도료	바탕도료, 방청도료 표면도료, 희석제
창호재	창 및 문, 창호 부자재, 창호용 실링재, 유리	방수·보온 단열재	아스팔트, 방수재, 보온·단열재, 흡음재
급배수 및 위생설비	밸브류, 이음관, 급배수, 냉난방관, 위생설비 보일러, 펌프 등	전기설비 재료	전선, 선로용품 등기구류, 배선, 전기기구
급배수 및 위생설비	접합·접착제, 가설재, 부품류, 금속재료	시약	시약·시험기구

자료: 박선구, 정대운(2016), 전문건설업 업종별 자재시장 기초 연구

건설자재의 유통경로 역시 복잡하고 다양하다. 정부가 발주하는 공사는 조달청이 자재를 미리 구매하여 건설업체에 직접 공급하기도 한다. 민간공사의 건설자재 유통은 건설자재업체에서 건설회사로 직접 판매하는 형태가 있으며, 도·소매 유통대리점 등을 통해 판매하는 간접 판매형태도 있다. 일반적으로 대량구매를 하는 경우에는 가격협상력을 통한 원가절감을 위해 직접구매방식을 채택하며, 소량구매 또는 수시로 필요한 자재를 구입할 때는 간접구매방식으로 자재를 조달한다. 주식시장에 상장되어 있는 건설자재 기업의 사업보고서를 토대로 유추해보면 자재구매 방식은 직접구매 비중과 간접구매 비중이 각각 45%이며, 정부가 지급하는 자재 비중이 10% 가량으로 판단된다.

건설자재의 유통경로

공공공사

자료: 박선구, 정대운(2016), 전문건설업 업종별 자재시장 기초 연구

건설자재 가격, 변동성은 리스크

가격 변동성

상품이나 자산가격이 일시적으로 폭등·폭락하다가 균형수준으로 수렴하는 것을 오버슈팅이라고 하는데, 건설자재의 경우 수급문제로 인해 오버슈팅이 빈번히 발생하는 편이다.

다른 생산요소와는 달리 건설자재는 가격 변동성이 매우 커서 건설업체 입장에서 아주 큰 골칫거리다. 건설자재는 석유류, 철광석, 알루미늄 등 원자재 가격에 연동되어 유통가격이 움직인다. 건설공사는 입낙찰 시기의 자재 가격을 기준으로 공사금액이 결정되기 때문에 자재 가격의 변동은 건설기업 입장에서 리스크일 수밖에 없다. 특히, 2020년 하반기부터 2021년 상반기까지 자재가격이 크게 상승했다. 코로나19 팬데믹 이후 저금리 상황과 유동성 과잉이 지속되면서 원자재 가격이 급등했기 때문이다. 2021년 6월 국제유가는 배럴당 70달러를 상회하고 있는데, 이는 2020년 국제유가 평균가격이 40달러 초반임을 고려하면 60% 이상 상승했다. 철광석 가격의 상승 폭은 더욱 크다. 2021년 6월 철광석 가격은 톤당 210달러 수준으로 2020년 평균가격 104달러와 비교하면 2배 이상의 상승 폭을 보인다. 시간이 지나면 일시적으로 급등한 원자재가격이 안정세를 찾겠지만, 그 과정에서 많은 기업이 경영상 어려움을 겪을 수 있고, 최종 수요자인 일반 국민 역시 가격상승에 따른 부담이 커질 수밖에 없다.

건설자재의 복잡한 유통구조도 가격상승의 요인이 된다. 유통대리점이 도매, 소매로 구분되어 있고, 규모에 따라 1차, 2차, 3차 등 지역별로 복잡하게 구성되어 있기 때문이다. 이런 구조하에서는 가격협상력이 열위에 있는 중소, 전문건설업체들의 부담이 커진다. 실제로 최근 철강재 가격이 급등하면서 제강사로부터 대형 건설사가 직접구매하는 가격이 톤당 85만 원인데 비해 유통사에 의존하는 중소형 건설사의 가격은 135만 원으로 그 괴리가 매우 심화되었다. 건설공사의 큰 리스크 중 하나인 자재가격의 변동성 축소를 위해 중장기적으로 복잡한 유통구조의 문제를 해결할 필요가 있으며, 가격 급등에 대비해 비축물량 등을 확대하는 정책도 고려되어야 할 것으로 보인다.

국제유가 추이(두바이유)	철강석 가격 추이

단위: $ (국제유가) 단위: $ (철강석)

국제유가 추이(두바이유)
- 64.25
- 37.18
- 71.18
- 2020년 1월 / 2020년 9월 / 2021년 6월

철강석 가격 추이
- 95.47
- 127.38
- 212.14
- 2020년 1월 / 2020년 9월 / 2021년 6월

자료: 한국자원정보서비스

자료: 한국자원정보서비스

건설자재, 건축물의 가치를 결정한다

현대인의 삶을 표현하는 단어로 욜로(YOLO, You Only Live Once)라는 용어를 많이들 사용한다. 현재 자신이 누릴 수 있는 행복을 가장 중시하고, 자신의 행복을 위해 소비하는 라이프스타일을 이르는 말인 욜로는 주거에 있어서도 예외가 아니다. 국민소득이 3만 달러를 훌쩍 넘어서면서 사람들의 인식과 니즈가 변화하고 있다는 방증일 것이다. 이전에는 단순하고 평범한 주거만이 필요했다면 이제는 삶의 질 개선에 관심이 커지면서 자연스레 건축물의 이미지, 쾌적성, 기능향상이 중요한 가치로 떠오르고 있다. 차별성을 가지기 위해서는 스스로 설계한 건물이나 아파트에 사는 것이 좋겠지만 현실적으로 그러기 어렵다면, 그 대안으로 관심을 가지게 되는 것이 바로 좋은 자재다. 상대적으로 고가더라도 건설자재로 자신의 개성을 드러낼 수 있다. 또한 인체에 무해한 친환경 고급자재에 대한 관심도 꾸준히 늘어나고 있다.

최근 분양되는 신규 아파트의 경우 특화설계와 더불어 고급 자재 사용이 크게 증가하고 있다. 소비자들의 눈높이가 올라간 점을 반영하여 고급스러운 인테리어와 마감재를 사용하면서 차별성을 둔다. 최고급 주택이나 호텔에만 사용하던 외국산 원목마루가 아파트에 시공되는 경우도 많아졌다. 가령, 이탈리아산 원목마루로 시공하면 비용이 평당 50만 원 정도 비싸지지만, 오히려 입주자들의 만족도는 높다고 한다.

또 노후 주택이 증가하면서 인테리어 시장에서의 건설자재 수요도 크게 증가하고 있다. 셀프 인테리어의 열풍이 부는가 하면, 기존 노후화된 집을 깔끔하게 인테리어한 뒤 높은 가격에 팔거나 세를 놓아 수익을 올리는 재테크 방법이 부동산 투자자 사이에서 인기를 얻기도 했다.

친환경 자재에 대한 수요 역시 함께 증가하고 있다. 과거 건축 자재를 선택할 때 디자인과 가격 등이 주요 고려사항이었다면, 이제는 건강과 환경을 함께 고려해 제품의 친환경성까지 꼼꼼히 따지는 소비자가 늘고 있다. 여기에 코로나19 팬데믹으로 가정에서 지내는 시간이 늘어나면서 이러한 움직임은 가속화되고 있다. 실내에서 생활하는 현대인에게 건축 자재는 직간접적으로 피부 접촉이 많은 제품이기 때문이다.

소비자들의 고급, 친환경 자재 수요 증가에 따라 건자재 기업들의 움직임도 빨라졌다. 고단열 창호와 친환경 바닥재, 고급 벽지 등 프리미엄 건축자재 중심으로 사업 구조를 재편하고 있다. 해외 유명 건자재 기업과 전략적 제휴를 맺는가 하면, 녹색매장 인증을 통해 소비자에게 어필하기도 한다.

이노빌트 인증제품의 시공 모습
포스코 서울 더샵 갤러리

속초 델피노 리조트 내 수영장

자료: 포스코
이노빌트 홈페이지

사람들의 눈에 쉽게 띄는 내외장재뿐만 아니라 구조물의 골격이 되는 철강재도 프리미엄화되고 있다. 포스코는 2019년 프리미엄 강건재 통합 브랜드 이노빌트(INNOVILT)를 론칭했다. 강건재는 빌딩, 주택과 같은 건축물이나 도로나 교량 등 인프라의 골격이 되는 철강 제품이다. 건축물 밖으로 드러나지 않는 게 일반적이며 혹시 보이는 부분이라 하더라도 전문지식이 없으면 그 가치를 알아보기 쉽지 않다. 이에 포스코는 자사의 프리미엄 철강제품이 쓰인 건축물을 일반인도 쉽게 알아볼 수 있도록 하고, 이를 통해 건축물의 가치를 높이는 전략을 취한 것이다.

어떠한 건설자재를 사용하느냐에 따라 건축물의 가치가 달라진다는 것은 어찌 보면 당연한 말일 수 있다. 친환경 프리미엄 자재를 사용하여 공사 원가가 10% 상승했다면, 그 가치는 더 큰 폭으로 높아질 수 있다는 의미이기도 하다. 이러한 고급화 전략은 향후 건설시장의 트렌드로 자리 잡을 가능성이 크다.

건설기계, 건설의 효율성을 높이다

일반인들이 건설기계라고 하면 떠올리게 되는 것은 불도저, 굴착기와 같은 기계가 대부분일 것이다. 그도 그럴 것이 도심을 조금 벗어나면 국도변에 OO중장비, OO중기 등의 간판을 자주 볼 수 있고, 항상 그 근처에는 굴착기와 이름 모를 장비들이 주차되어 있기 모습을 쉽게 찾아볼 수 있다. 그런데 「건설기계관리법」상 건설기계는 27개나 된다. 우리가 모르고 있거나 알고 있어도 미처 건설기계라고 생각지 못한 장비가 그만큼 많다는 말이다.

건설업은 기본적으로 노동집약적 성격이 강한 산업이다. 사람의 손을 통해 만들어지는 부분이 많고, 공종에 따라 일시적으로 인력이 대규모로 동원되는 경우가 있다. 그런데 건물이 고층화되고 구조가 복잡해지면서 사람의 손이 닿지 못하는 부분은 기계로 대체하게 되었고, 현대에 올수록 건설기계에 대한 수요가 비약적으로 증가했다. 효율성 측면에서도 차이가 크다. 삽을 통해 온종일 파야 할 땅을 굴착기는 30분도 채 되지 않은 시간에 뚝딱해낸다. 이처럼 건설기계의 다양성과 효율성으로 인해 건설업 생산성이 크게 증가한 것은 부인할 수 없는 사실이다.

그렇다면 우리나라에는 건설기계가 몇 대나 있을까? 건설업의 규모가 단일 산업 중 최대이다 보니 건설업 내부의 업체 수, 인력규모, 기계수는 우리가 생각하는 것보다 훨씬 많다. 2020년 기준 건설기계는 총 52만대 정도이며, 종사자 수는 20만 명에 달한다. 건설기계 조종사

면허를 보유한 사람이 120만 명이 넘으니, 잠재적으로 건설기계 시장에 진입할 사람들도 엄청난 규모이다.

건설기계 임대시장 규모
종합 및 전문건설업 원가통계에서 기계경비 비중을 통해 도출하면 약 16조 원으로 추정된다.

건설기계의 수요자는 건설업체이지만 건설업체가 건설기계를 보유하는 경우는 드물다. 건설업체 입장에서는 건설기계를 직접 운용하는 것이 효율적이지 못하기 때문이다. 기계를 구입해야 하는 비용, 운전자 고용, 유지보수 비용 등이 과다하고 동시에 여러 공사를 진행하다 보니 필요장비가 계속 증가할 수밖에 없다. 이런 이유로 건설기계 시장은 임대형태로 운용된다. 건설기계 사업자는 장비를 필요로 하는 건설현장으로 가서 작업을 처리하고 이에 대한 대가를 받는 방식이다. 기종에 따라 일일 임대료가 수십만 원에서 수백만 원에 이른다. 전체적으로 건설기계 임대시장의 규모만 약 16조 원으로 추정된다.

건설기계 종류

구분	자가용	영업용	관용	계
총계	259,632	261,969	3,877	525,478
1. 불도저	400	3,034	43	3,477
2. 굴착기	56,235	104,280	1,465	161,980
3. 로더	21,194	7,171	588	28,953
4. 지게차	164,637	38,489	1,229	204,355
5. 스크레이퍼	0	9	0	9
6. 덤프트럭	8,205	47,476	420	56,101
7. 기중기	780	9,780	14	10,574
8. 모터그레이더	24	559	11	594
9. 롤러	865	6,247	55	7,167
10. 노상안정기	1	0	0	1
11. 콘크리트뱃칭플랜트	30	42	0	72
12. 콘크리트피니셔	28	106	0	134

구분	자가용	영업용	관용	계
13. 콘크리트살포기	2	0	0	2
14. 콘크리트믹서트럭	3,485	22,567	0	26,052
15. 콘크리트펌프	140	6,148	1	6,289
16. 아스팔트믹싱플랜트	0	1	0	1
17. 아스팔트피니셔	144	902	2	1,048
18. 아스팔트살포기	37	48	1	86
19. 골재살포기	0	1	0	1
20. 쇄석기	197	175	0	372
21. 공기압축기	706	3,564	0	4,270
22. 천공기	2,178	3,880	0	6,058
23. 항타 및 항발기	86	1,025	0	1,111
24. 자갈채취기	13	6	0	19
25. 준설선	55	97	1	153
26. 특수건설기계	75	552	47	674
27. 타워크레인	115	5,810	0	5,925

자료: 국토교통부

우리나라는 외국과 다르게 대규모 임대사업자는 드물고 대개 1인 1기계 형태의 영세한 사업자가 대부분이다. 상황이 이렇다 보니 노후화된 기계의 적체 문제도 심각하다. 또한 건설기계는 주로 경유를 연료로 사용하다 보니 상대적으로 일반 차량에 비해 이산화탄소 등 유해물질을 많이 배출하고 있다. 이 때문에 도심 환경오염의 주범으로 인식되기도 한다.

건설기계는 지속해서 친환경화, 고사양화, 첨단화, 스마트화되고 있으나, 영세 사업자 입장에서는 상대적으로 수억 원이 넘는 기계를 제때 교체하기란 쉽지 않은 일이다. 또한 현실적으로 건설기계 사업자의 경우 신용도가 높지 않아 차량을 할부로 구입할 때 이자율도 높은 수준이다. 건설기계 시장의 규모에 비해 영세한 사업자가 많아 내부를 들여다보면 이런저런 문제가 상당히 많다.

4차 산업혁명의 시대다. 미래 기술발전은 이전에 10대의 장비가 할 수 있는 작업을 5대로도 가능하게끔 변화할 것으로 예상된다. 이에 따라 자연스레 산업의 구조조정이 필요할 수도 있다. 건설기계 시장의 지속가능한 발전을 위한 선진화 방안에 대한 고민이 필요한 때다.

건설기계 종류와 역할 - 건설기계관리법

건설기계	역할
	**01. 불도저(BULLDOZER)** 트랙터 전면에 블레이드(blade)를 장착하여 흙을 밀어내어 지면을 고르거나 다지는 작업을 하는 기계
	**02. 굴착기(EXCAVATOR)** 주 용도는 땅을 파거나 깍고 다질 때 사용되며 토사나 건설자재의 운반등에도 사용되는 기계
	**03. 로더(LOADER)** 토사나 골재를 덤프 차량에 적재 및 운반할 때 사용하는 기계
	04. 지게차(FORK LIFT) 팰릿을 이용해 중량물을 싣거나 내리는 하역작업과 짧은 거리의 이동에 사용하는 기계
	05. 스크레이퍼(SCRAPER) 차량 하부에 장착된 날을 이용하여 땅이나 노반을 긁고 그 토사를 담아 처리하는 굴착기와 운반기를 결합한 기계

06. 덤프트럭(DUMP TRUCK)
적재함을 동력으로 60°~70° 기울여서 토사나 골재 등의 적재물을 자동으로 내릴 수 있는 운반용 화물차량

07. 기중기(CRANE)
동력을 사용하여 무거운 짐을 달아 올리고 상하·전후·좌우로 운반 및 이동시킬 때 사용하는 기계

08. 모터그레이더(MOTOR GRADER)
주로 도로공사에서 장착된 블레이드로 땅을 깍거나 고르고 스캐리파이어(scarifier)로 땅을 파 일구는 작업을 하는 굴착기계

09. 롤러(ROLLER)
도로공사 등에서 중량의 원통형 롤러를 지면 위로 이동시키면서 일정한 압력을 가해 지면을 평평하게 다질 때 사용하는 기계

10. 노상안정기(ROAD STABILIZER)
노상에서 전진하며 토사를 파쇄 또한 혼합하여 아스팔트 등 유재살포작업도 가능한 장비

11. 콘크리트 뱃칭 플랜트(CONCRETE BATCHING PLANT)
콘크리트의 각 재료를 요구하는 성능에 따라 소정의 배합비율로 계량하여 액상의 콘크리트를 제조해내는 기계

12. 콘크리트 피니셔(CONCRETE FINSHER)
장착된 스크리드(dcreed)와 바이브레이터(vibrator)를 이용해 콘크리트 살포기가 깔아놓은 콘크리트 표면을 평탄하고 균일하게 다듬는 기계

13. 콘크리트 살포기(CONCRETE SPREADER)
콘크리트펌프에 의하여 배관을 통해 압송되어진 생콘크리트를 형틀 내로 분사하는 기계

14. 콘크리트 믹서트럭(CONCRETE MIXER TRUCK)
배처 플랜트에서 재료를 혼합해 만들어진 생콘크리트가 굳거나 재료분리가 발생하지 않도록 계속 혼합해가면 운송하는 트럭

건설기계	역할

15. 콘크리트 펌프(CONCRETE PUMP)
생콘크리트를 피스톤으로 압력을 가해 철관 속으로 압송하는 펌프로 터널 속과 같이 좁은 곳이나, 높은 곳에 콘크리트를 운반할 때 사용하는 기계

16. 아스팔트 믹싱 플랜트(ASPHALT MIXING PLANT)
아스팔트 도로공사에 사용되는 포장재료를 혼합·생산하는 기계

17. 아스팔트 피니셔(ASPHALT FINISHER)
아스팔트 믹싱 플랜트에서 제조된 혼합재를 덤프트럭으로부터 받아 자동으로 주행하면서 정해진 너비와 두께로 깔고 다져 마무리하는 아스팔트 포장기계

18. 아스팔트 살포기(ASPHALT DISTRIBUTER)
아스팔트 도로공사에서 가열된 역청 재료를 노면에 균일하게 살포할 때 사용하는 기계

19. 골재살포기(AGGREGATE)
도로나 활주로 등의 노반공사에서 각종 골재 또는 흙시멘트 등의 자료를 일정한 너비와 두께에 맞추어 신속하게 살포할 수 있도록 하는 기계

20. 쇄석기(CRUSHER)
도로공사 및 콘크리트 공사에서 골재를 생산하기 위하여 원석을 부수어 자갈을 만드는 기계

21. 공기압축기(AIR COMPRESSOR)
공기를 압축 생산하여 높은 공압으로 자장하였다가 필요에 따라 각 공압 공구에 공급하여 작업을 수행할 수 있도록 하는 기계

22. 천공기(ROCK DRILL)
공기압축이나 유압에 의해 바위나 지면에 구멍을 뚫는 기계

23. 항타 및 항방기(PILE & EXTRACTOR)
드롭 해머나 디젤 해머로 강관파일이나 콘크리트파일을 때려 넣거나 가설용 널말뚝, 파일 등을 뽑는데 사용되는 기계

건설기계	역할

24. 사리채취기(GRAVEL PLANT)
자갈을 채취하여 그 속에 있는 자갈, 모래 등을 자동으로 설별하는 건설기계

25. 준설선(DREDGER)
강·항만·항로 등의 바닥에 있는 흙·모래·자갈·돌 등을 파내는 시설을 장비한 배

26. 특수건설기계(COLD MILLING MACHINE)
제1호부터 제25호까지의 규정 및 제27에 따른 건설기계와 유사한 구조 및 기능을 가진 기계류로 국토교통부 장관이 따라 정하는 기계

27. 타워크레인(TOWER CRANE)
수직타워의 상부에 위치한 지브를 선회시켜 중량물을 상하, 전후 또는 좌우로 이동시키는 기계

2021년 건설자재 가격 상승 원인과 전망

2020년 하반기부터 시작된 건설자재 가격 급등과 수급 불균형으로 건설공사 원가상승과 공기지연 문제가 건설시장 내 이슈로 떠오르고 있다. 2021년 4월 기준, 건설용 중간재 공급물가지수(116.2)와 건설공사비지수(127.9)는 각각 사상 최고치 기록했다. 건설자재 가격은 종류에 상관없이 전방위적으로 오름세를 보이며, 특히, 철강재 가격 상승이 가파른 수준이다. 최근 1년간(20년 5월~21년 5월) 주요 자재 중 건축용 금속재는 84.3%가 상승했고, 경유 72.9%, 형강과 철근도 30%에 가까운 가격상승률을 보인다.

건설자재 가격 상승의 원인은 무엇보다 저금리와 풍부한 유동성이다. 코로나19 팬데믹 극복을 위해 각국 정부가 천문학적인 자금을 시장으로 풀었다. 일반적으로 가격 급등이 나타날 경우, 수입 또는 대체재를 통해 가격안정을 시도하는 경우가 많은데, 세계 각국의 경제 회복세가 가시화되고 인프라 투자가 크게 증가하면서 이러한 효과도 기대하기 어려운 실정이다. 유통구조상의 문제도 존재한다. 철근 등 일부 자재는 출하량이 줄지 않았음에도 가격상승폭이 지나치게 커졌다. 가격상승 심리에 따라 매점매석 문제가 일부 존재하는 것으로 판단된다.

자재가격 상승은 '경제위기 → 금리인하 → 유동성 과잉 → 원자재가격 급등'과 같은 패턴으로 반복된다. 2008년 글로벌 금융위기 시기와 코로나19 팬데믹으로 인한 최근 위기 상황에서 동일한 상황이 연출되고 있다.

일부 건설자재의 경우 시간이 지나면 가격급등은 사그라지고 안정세를 보일 것이다. 다만, 거시경제 환경이 우호적이고, 타이트한 수급이 지속할 가능성이 높아 이전보다 높은 가격수준은 유지될 것으로 보인다. 또한 아직은 상승 폭이 크지 않은 목재류와 시멘트, 레미콘 등 비금속광물시장으로 전이될 가능성도 상당하기 때문에 각별한 주의가 필요하다.

자재 가격 급등은 직접 시공을 담당하는 전문건설업체와 중소 종합건설업체에 상대적으로 큰 타격을 준다. 건설자재 가격 안정과 수급 원활화를 위해 정부의 전방위적 지원 및 실효성 있는 정책 마련이 절실하다.

건설자재 가격 상승 요인

건설자재 가격 전망

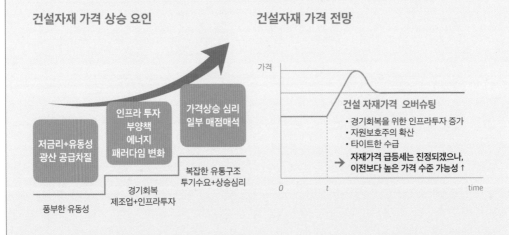

과열이 부른 위기,
기회로 극복하다

6장

과열이 부른 위기, 기회로 극복하다

경제는 움직이는 거야

　지금도 그렇지만 특히 2000년대 초에는 이전에 볼 수 없었던 재미있는 소재를 활용한 광고가 많았다. 통신사 광고 중 '사랑은 움직이는 거야'라는 유명한 대사가 인기를 끌었던 적이 있다. 짧은 영화 같은 광고에서 나온 단순한 멘트였는데, 돌이켜 생각해보면 통신사 이동을 은근히 부추기는 홍보 멘트였고, 이는 어느 정도 성공한 마케팅이었다고 생각된다. 사실 세상에 움직이지 않는 건 없다. 통신사 이동처럼 쉽게 변하는 것도 있고 굳건했던 사랑도 언젠가는 변하게 된다. 그리고 10년 전의 자신을 떠올려보면 지금은 많은 것이 변했다는 걸 깨달을 수 있을 것이다. 그렇다. 사람도 긍정적이든 부정적이든 변하기 마련이다. 사람들이 변한다면 세상이 변하는 건 당연한 이치가 아닐까?

　경제도 마찬가지이다. 변덕스러운 경제 상황은 늘 우리를 혼란스럽게 한다. 경제 상황에 큰 충격을 주는 대규모 위기가 찾아오면 사회구성원 모두가 꼼짝달싹할 수 없게 얼어붙게 된다. 2020년 우리는 코로나19 팬데믹이라는 이전에는 경험하지 못한 위기를 맞이했었다. 세계적으로 모든 국가들이 문을 걸어 잠갔으며 경제성장률은 곤두박질쳤

주요국의 2020년 경제성장률

2.3%
-1.0%
-3.4%
-4.6%
-4.8%
-7.9%
-9.8%

중국
한국
미국
독일
미국
싱가폴
영국

다. 경제 전문가들조차 이를 두고 '경제 역사상 가장 단기간 내 가장 큰 충격'이라 표현할 정도였다.

초기에 진화되리라 생각되었던 바이러스의 확산은 멈출 줄을 몰랐다. 백신과 치료제가 역대급으로 빨리 개발되고 있지만, 이미 코로나19 바이러스는 일상 깊숙이 파고들고 인류가 존재하는 한 함께 가야할 존재가 되어 갔다. 바이러스 1년이 훌쩍 넘어선 오늘, 우리의 상황은 어떤가? 경제적으로 아직도 불황의 늪에서 빠져나오지 못하고 있을까?

다양한 변종을 만들어낸 코로나19 바이러스는 여전히 확산세에 있으며, 확진자도 줄어들 기미를 보이지 않고 있다. 그런데 경제적으로는 많은 것이 달라졌다. 바이러스가 급습했던 초기의 공포는 이미 사라졌다고 생각될 정도로 안정을 되찾고 있다. 각국 정부의 대규모 자금 살포라는 대책 덕분인지 전 세계 경제는 누가 봐도 회복세를 보인다. 특정 산업과 일부 원자재시장은 회복을 넘어서 과열에 가까운 신호를 보이기도 한다. 분명 올해 대부분 국가의 경제상황은 코로나19 확산 초기보다 더 좋아질 가능성이 매우 큰 것으로 예상되고 있다. 하지만 모두가 성장과 호황에 취해 안심하고 있을 때 경제는 또다시 변덕을 부릴 것이 분명하다. 왜 그럴까? 바로 경제는 예외 없이 끊임없는 상승과 하락을 반복하기 때문이다.

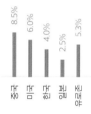

주요국의 2021년 경제성장률(예상)

경제가 움직이는 것, 경기가 상승했다가 하락하는 현상을 경제학에서는 경기변동이라고 한다. 경기는 '회복기→호황기→후퇴기→침체기'의 4단계를 순차적으로 지나간다. 회복기는 경기가 저점을 지나 상승이 시작되는 시기이며, 호황기는 경기가 지속해서 상승하여 최고의 절정기를 맞이하는 구간이다. 호황기에는 소비와 투자가 늘어나고 시중의 자금도 풍부해진다. 실업률은 낮아지고 물가는 상승하는 경우가 대부분이다. 그런데 끝없이 지속할 것 같은 호황기도 결국 후퇴하기 시작한다. 경기는 후퇴기를 거쳐 침체기로 접어든다. 침체기에는 많은 사람들이 고통을 겪는다. 실업률이 치솟고 경제성장률은 이전에 비해 크게 낮아진다. 정부는 경제가 심각한 침체기에 빠져드는 것을 막기 위해 금리를 내려 자금이 돌 수 있게 하고 재정지출을 크게 증가시킨다. 침체기라는 고통스러운 시간이 지나면 경제는 언제 그랬냐는 듯 다시 회복한다.

경기변동 주기

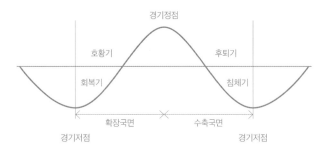

경제는 이러한 과정이 계속 이어진다. 즉 경제는 순환한다는 의미다. 다만, 회복기, 호황기의 '확장국면'은 후퇴기, 침체기인 '수축국면'에 비해 일반적으로 그 기간이 길다. 장기적으로 경제는 지속해서 성장하기 때문이다. 만약 미래에 수축국면이 확장국면에 비해 지속해서 길어진다면, 침체의 늪이 깊어져 우리의 삶은 불행해질 것이 자명하다.

건설업만의 경기변동 특성이 있다!

경기변동에는 예외가 없기에 세부 산업 역시 지속해서 상승과 하락을 반복한다. 다만, 산업별로 그 주기가 다른 경우는 많다. 반도체 산업과 조선산업, 건설업이 그 산업의 특성상 동일한 흐름을 보일 수는 없다. 경기변동은 시간이 지나고 나면 상승기였는지 하락기였는지 명확하게 판단할 수 있으나, 현재 시점에서는 그 위치를 파악하는 것은 쉽지 않다. 현재 우리나라 경기상황이 회복기에 있는지 호황기에 있는지 또는 후퇴기에 있는지 판단하는 것은 각종 경제지표들의 시그널이 다르기 때문에 예측이 어려운 것이다.

건설업 경기변동 역시 예측이 쉽지는 않다. 건설업 지표는 선행지표와 동행지표가 혼재되어 있으며, 지표별로 패턴과 주기가 일정하지 않기 때문이다. 선행지표인 건설수주(계약)가 증가하더라도 동행지표인 건설투자가 바로 증가하지 않는다. 예를 들어 2019년 하반기부터 건설수주가 증가하고 있음에도 불구하고 건설투자는 2021년 상반기까지 내림세를 보였다. 이런 경우 건설업이 침체기인지 회복기인지 명확히 판단하기가 쉽지 않다.

건설업의 경기변동은 타 산업과 차별적인 특성이 몇 가지 존재한다. 먼저 경기변동의 진폭이 큰 편이다. 진폭이 크다는 것은 좋을 때는 너무 좋고, 나쁠 때는 너무 나쁘다는 의미다. 가령 주택가격이 상승하게 되면 공급자인 건설업체 입장에서는 최대한 주택공급을 늘리기 위해 노력한다. 이 과정에서 과잉투자가 나타나게 되어 건설경기는 호황을 넘어서 과열로 치닫게 된다. 이때 주택가격이 하락하거나, 경제 전반의 위기가 찾아오게 되면 과잉 공급된 물량들이 미분양으로 남게 되고 이는 급격한 건설경기 하락으로 이어지게 된다. 앞에서도 언급했듯이 건설업은 네트워크 산업으로 1개의 업체가 도산을 하게 되면 연쇄적으로 부정적 영향이 전이된다. 건설경기가 침체기에 들어서면 부실기업이 급증하여 악순환이 가속화된다. 건설경기의 상승과 하락의 폭이 크다는 것은 지속가능성, 안정성 측면에서 매우 부정적으로 작용한다.

다음으로 건설경기는 정부 정책이나 선거 등 경기 외적인 요인에 의해 많은 영향을 받는다. 건설시설물의 필수 생산요소인 토지는 용도별로 정부의 관리를 받고 있다. 용적률과 건폐율을 어느 정도까지 허용하느냐에 따라 건설투자 규모가 크게 달라진다. 정부는 때로 가격에도 개입하게 되는데, 분양가상한제가 대표적이다. 정부의 규제가 강할수록 건설시장은 위축될 수밖에 없다. 또한 정부가 발주하는 건설공사는 전체 공사의 25%~30%를 차지한다. 즉, 정부의 건설경기 부양 의지에 따라 건설업이 상승 흐름을 타기도 하고 하락할 수도 있다는 의미다.

건설업 지표
<건설업 선행지표>
건설수주: 건설업체의 계약액을 의미
건축허가: 행정기관으로부터 사업승인
분양물량: 공동주택의 선분양물량
<건설업 동행지표>
건설기성: 진척에 따른 공사비 수령액
건축착공: 건설공사가 착수된 면적의 집계
건설산업생산지수: 기업의 생산활동 동향 집계
건설취업자의 수

용적률과 건폐율
용적률이란 전체 대지면적에서 건물 각층의 면적을 합한 연면적이 차지하는 비율이고, 건폐율은 대지면적에 대한 건물의 바닥 면적의 비율을 말한다.

분양가상한제
일정한 지역에서 아파트 등 공동주택을 분양할 때 일정한 기준으로 산정한 분양가격 이하로만 판매할 수 있게 하는 제도다. 1970년부터 실시되었고 주택시장 여건에 따라 시행과 폐지를 반복하고 있다.

대통령선거나 총선 등도 건설경기에 영향을 미친다. 선거마다 대형 프로젝트에 대한 공약이 쏟아지고 실제로 사업화되는 경우도 많기 때문이다. 4대강 사업, 행정도시 건설, 도시재생 프로젝트 등이 대표적이다.

이 밖에도 건설경기는 주택시장과 밀접하게 연관되어 있다. 이는 건설시장 내에서 주거용 건축시장의 비중이 가장 크기 때문이다. 즉 건설과 주택은 떼려야 뗄 수 없는 관계다.

건설투자가 줄어드는 침체기가 되면 기업들의 매출과 이익이 줄어든다. 한계기업의 도산이 증가하고, 우량했던 기업들조차 부실화된다. 침체기가 지나고 회복기와 호황기가 오면 기업들의 매출과 이익이 늘어나 다시금 활기를 찾는다. 업체 수는 증가하게 되고 부실기업은 눈에 띄게 줄어들게 된다.

한계기업
한계기업이란 재무구조가 부실하고 영업경쟁력을 상실해 더는 생존이 어려운 기업을 의미하며, 통상적으로 이 자비용을 감당하지 못하는 기업을 지칭한다. 대한건설정책연구원 분석에 따르면 2020년 건설업 한계기업은 12.4%가량으로 파악되고 있다. 즉, 10개 중 1개 이상은 정상적 기업활동을 하기 어려운 기업이라는 의미다.

건설업 한계기업 추이

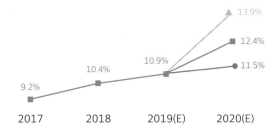

자료: 대한건설정책연구원

대한건설정책연구원의 분석결과에 따르면 2019년 건설업 한계기업이 전체 기업 중 10.9%를 차지하는 것으로 나타나고 있으며, 코로나 팬데믹의 부정적 영향으로 2020년에는 최소 11.5%에서 최대 13.9%까지 증가했을 것으로 예상되고 있다.

건설업 경기변동 모습

건설수주나 건설투자 데이터를 활용해서 그래프를 그려보면 상하로 복잡하게 움직이고 있어 그 의미와 형태를 파악하기 쉽지 않다. 실제로 많은 경제지표에서 이러한 모습을 보이는데, 이러한 현상이 일어나는 원인에는 기저효과라는 것이 있다. 기저효과란 특정 시점의 경제 상황을 평가할 때, 비교 기준으로 삼는 시점에 따라 경제지표의 등락이 커·보이는 현상을 의미한다. 즉, 12월에 특정 경제지표가 크게 상승했을 경우 1월에는 나쁘지 않음에도 불구하고 12월과 비교하면 크게 감소한 것처럼 보인다. 건설지표는 계절에 따라 등락 폭이 크기 때문에 이러한 기저효과가 더욱 크게 나타난다. 예를 들어 건설활동이 크게 증가하는 5월에는 건설지표의 상승 폭이 크고 혹서기인 8월에는 줄어드는데, 이는 건설경기가 나빠졌다기보다 계절적 요인에 의한 기저효과가 큰 영향을 미쳤다고 볼 수 있다. 건설업 취업자 수 역시 마찬가지다. 겨울철의 경우 계절적 특성으로 인해 건설업 취업자는 크게 줄어들게 된다. 그런데 지표상 나타나는 모습을 보면, 겨울철에는 이전 달 또는 이전 분기와 비교해 하락 폭이 크게 나타나 마치 건설경기가 침체기에 있는 것처럼 보일 수 있다. 이런 경우 전월 또는 전분기와 비교하기보다 전년동월 또는 전년분기와 비교하면 실제 경기가 좋고 나쁨을 이해하는 데에 도움이 된다.

경제학 또는 통계학에서는 경제지표의 경기변동 흐름을 파악하기 위해 여러 기법을 활용한다. 대표적으로 Hodrick과 Prescott가 개발한 HP필터를 많이 이용한다.

HP필터를 통해 1986년부터 2020년까지의 건설수주 데이터의 순환국면을 추출한 그림을 살펴보자. 명확하게 판단되는 건설경기 고점은 1990년, 1996년, 2000년, 2016년으로 나타나고 있으며, 경기 저점은 1993년, 1998년, 2013년으로 볼 수 있다.

HP필터
HP필터는 경제지표 시계열 데이터에서 장기적인 추세(Trend)와 단기적인 순환(Cycle)을 기술적으로 분리하는 기법이다. 경제지표가 가지고 있는 추세, 계절성, 불규칙 변동 등을 제거할 수 있어 지표 본연의 흐름을 추출할 수 있다. 쉽게 표현하면 지표 변동을 부드러운 곡선 형태로 표현하는 데 유용하다.

경기변동이 불가피하다면
중요한 것은 진폭과 속도다.
경기변동의 진폭을 줄이고
속도를 조절하는 것이 정부
정책의 핵심 목표가 되어야
한다.

건설업 경기변동 흐름에서 특징적인 것은 외환위기 시기인 1997년에서 1998년까지 경기하강 진폭과 속도가 매우 가파르게 진행되었다는 점과 금융위기 시기인 2008년을 전후로 약 7년에 걸쳐 건설경기가 지속해서 내림세를 나타낸 것을 꼽을 수 있다. 이는 건설경기는 독립적으로 움직이기보다 전체 경제상황과 밀접하게 연관되어 있음을 의미한다. 결국 국가적 대형 위기상황에서는 건설업도 위축될 수밖에 없음을 보여주고 있다.

건설업 경기변동은 주택시장 상황에 따라 크게 요동치기도 한다. 이는 주거용 건설부문이 건설업에서 차지하는 비중이 상당하기 때문이다. 2020년 기준 주거용 건설은 전체 건설시장의 35% 가량으로 토목부문 30%에 비해서도 높은 편이다.

건설경기 상승국면은 공통적으로 주택시장 호황과 일치하는 경우가 많다. 즉, 주택가격이 상승하게 되면 연쇄적으로 공급물량이 증가하게 되고, 이는 건설시장 호황으로 이어지게 된다. 2015년 이후 장기간 주택가격이 상승함에 따라 주택건설 물량이 크게 증가했고, 이는 금융위기 이후 장기간 이어진 건설시장 하강국면을 돌려세우는 데 큰 역할을 했다. 다만, 주택시장을 중심으로 과열된 경기국면이 대형 위기 등으로 흔들리게 되면 건설업이 다시금 후퇴할 수밖에 없는 것은 자명한 사실이다.

건설업 경기변동 흐름

자료: 건설수주액 데이터를 활용하여 HP필터 분석 결과

침체기, 무너지는 건설업

1997년 11월, 우리 정부는 국제통화기금(IMF)에 구제 금융을 신청했고, 이것이 대한민국 역사상 최대 위기로 불리는 외환위기의 시작이었다. 외환위기 1년 전 선진국 진입을 의미하던 경제협력개발기구(OECD)에 가입했기에 국민들이 느꼈던 충격은 더욱 컸다. 이렇게 시작된 외환위기는 30대 재벌 중 17개 퇴출, 26개 은행 가운데 16곳의 퇴출, 대기업과 중소기업의 줄도산… 우리나라 경제를 혼란으로 몰아갔다.

건설업은 외환위기 이전 침체를 겪은 경험은 있었으나, 국가기반시설 건설, 각종 개발사업, 도시화 등으로 오랜 기간 호황을 누려왔었다. 건설업은 1970년에서 1997년까지 연평균 10%에 가까운 평균 성장률을 기록했다. 특히, 1990년대 초 주택 200만호 건설 정책으로 인해 업체 수가 증가하고 지방을 중심으로 많은 주택 건설업체를 탄생시켰다. 대기업 가운데 계열사로 건설사를 두지 않은 곳이 없을 정도였으며, 건설업은 성공을 보장하는 사업으로 인식되었다. 끝없이 승승장구할 것 같았던 건설업 역시 IMF 외환위기를 피해 가지는 못했다.

1990년 50개에 불과했던 건설업 부도업체 수는 1997년 1,300개를 넘어섰고, 1998년에는 2,100개를 기록했다. 업계 Top10이자 리비아 대수로공사로 전 세계를 놀라게 했던 동아건설, 부동의 1위 기업 현대건설이 부실화되었다. 현대건설과 동아건설의 협력업체만 3,000개가 넘는 상황에서 대형 건설업체의 부실은 하도급 및 협력업체의 연쇄부도와 대량실업으로 이어지는 것은 불 보듯 뻔한 일이었다. 시공 중이던 아파트 건설이 중단되었고, 주요 국책사업은 물론 해외 대형사업까지 차질을 빚었다. 당시 GDP 대비 건설투자 비중이 20% 수준이었음을 고려하면 건설업의 위기는 국가 전반에 작지 않은 충격이었다.

외환위기로 인해 소비, 투자 심리 역시 얼어붙었다. 일례로 1998년 1월 서울시 10차 동시분양(6개 지구 1,000여 가구) 청약접수 마감 결과, 청약자는 508가구로 절반에도 미치지 못했다. 최근 서울 개포동 아파트의 잔여물량 분양에서 최고 경쟁률이 120,400대 1이었음을 감안하면 외환위기가 얼마나 큰 공포였음을 대략 짐작할 수 있을 것이다.

다시 오지 않을 것 같았던 외환위기와 같은 충격은 2008년 이후 재현되었다. 외환위기 시절에 비해 건설업체의 재무여건과 체력이 좋아져 충격의 크기는 상대적으로 작았으나, 대신에 침체 기간이 길었다. 외환위기로 인한 건설업의 침체가 2~3년간 지속하였다면 2008년에는 6~7년에 걸쳐 서서히 진행되었다.

2007년 분양가상한제를 회피하기 위해 급증한 주택 분양물량이 금융위기라는 거시경제 악화와 맞물려 미분양물량으로 남게 됐다. 미분양의 적체는 신규 사업 축소 등으로 이어지면서 건설사들의 현금흐름을 악화시켰다. 주택건설 비중이 높은 건설업체들의 경우 미분양 증가로 자금 회수가 지연되면서 큰 어려움을 겪었다. 2009년 3월 미분양물량은 역대 최고 수준인 16만 6,000호를 기록하였다. 특히, 악성 재고인 준공 후 미분양물량이 상당하여 시장 불안이 이어졌다.

여기에 건설업계의 희망으로 생각되었던 해외건설시장에서의 고전도 이어졌다. 2010년을 전후로 계약금액은 크게 증가했으나, 수익성이 문제가 되었다. 업체별로 차이는 있었으나, 사실상 대부분의 해외사업이 적자로 돌아서면서 건설업의 침체가 가중된 것이다. 그 결과 2013년에는 우리나라 100대 건설사 중 30%가 법정관리 및 워크아웃에 들어갔다.

다시 찾아온 건설업의 상승국면

금융위기 이후 저성장의 고착화, 적체된 미분양, 해외사업에서의 최악의 손실 등으로 장기간 침체기를 겪은 건설업은 2015년 이후 회복국면을 맞았다. 무엇보다 주택경기 호조가 결정적 역할을 했다. 주택시장이 살아나자 미분양이 해소되면서 건설시장의 숨통을 트여 준 것이다. 자금이 돌자 퇴출로 몰리던 기업이 살아나고, 건설업체의 실적이 개선되었다.

건설업 평균 순이익률 추이

1.7% (2009), -1.0% (2013), 5.5% (2017), 3.4% (2019)

자료: 한국은행

실제로 2018년 이후 대형 건설업체의 평균 영업이익률은 7% 수준까지 올라와, 2000년 이후 최고 수준에 이르렀다. 2013년 91조 원에 불과했던 건설수주는 2020년 194조 원까지 증가했다. 물가상승분을 감안하더라도 2배 가까이 올랐다.

내외부 환경도 나쁘지 않다. 규제 일색이었던 주택정책은 공급확대로 방향을 틀었다. 3기 신도시 공급이 순차적으로 이루어질 것으로 예상되고, 공공주도의 주택공급도 증가할 것으로 보인다. 주택가격 상승세가 이어지고 있어, 수도권을 중심으로 재건축/재개발/리모델링 물량이 증가추세를 보이고 있다.

여기에 해외건설까지 살아날 가능성이 크다. 코로나19 팬데믹으로 위축되었던 해외시장이 국제유가 상승, 각국의 적극적인 재정정책 등으로 발주 증가가 예상되기 때문이다. 2022년에는 대선과 지방선거까지 있다. 각종 개발사업과 관련된 공약이 봇물 터지듯 할 가능성이 크다. 보수적으로 판단하더라도 2023년까지 건설업의 상승국면이 이어질 것으로 예상된다.

겁먹지 말되, 대비는 하자

비가 오는 날은 짚신 장수 아들 걱정, 해가 쨍쨍한 날은 우산 장수 아들을 걱정한다는 이야기가 있다. 경기변동에 너무 민감하게 반응하면 건설경기가 나빠도 걱정, 좋아도 걱정일 수 있다. 모든 경제는 어차피 상하로 움직인다. 겁먹지 말되, 대비는 해야 한다. 침체기에 지나치게 위축되어선 안 되고, 호황기에는 과열을 경계할 필요도 있다.

경기변동을 설명하는 많은 명언이 있다. 가끔 한 번쯤 되새겨 보는 것도 나쁘지 않을 듯하다.

'영원한 호황도 불황도 없다'

'지나가지 않는 겨울은 없고, 언젠가 봄날도 간다'

'오지 않는 봄은 없고, 지지 않는 꽃도 없다'

경기변동의 다양한 형태

2020년 코로나19 팬데믹이 발생한 이후 전 세계 많은 경제학자들은 '경기가 언제 회복될까?', '경기 회복에 얼마나 많은 시간이 소요될까?'라는 해답을 찾아 위해 분주히 움직였다. 경제를 바라보는 인식과 핵심 경제지표의 선택에 따라 학자마다 제각각의 의견이 제기되었다. 물론 바이러스의 종식 시점을 가늠하기 어려운 탓에 향후 경기회복 모습 역시 예상하기 쉽지 않지만 말이다.

경기변동에 있어 가장 일반적인 순환곡선의 모양은 U자형이다. 경기가 천천히 하강했다가 천천히 상승하는 패턴으로 침체기간이 2년 이상 지속하는 경우가 많다.

반면, V자형은 알파벳 모양대로 경기가 가파르게 나빠졌다가 빠르게 회복되는 것을 의미한다. 우리에게는 최악의 경제위기로 기억되는 외환위기 사태는 빠르게 회복되었다는 측면에서 V자형으로 평가되고 있다.

한번 나빠진 경제상황이 시간이 지나더라도 회복되지 않아 장기간 불황을 겪는 경우가 있는데, 이를 L자형이라 한다. 일본의 경제상황을 가리키며 '잃어버린 10년, 20년'이라고 하는데, 이는 부동산버블 붕괴 후 일본의 장기불황이 지속하였기 때문이다.

더블딥으로 불리는 W자형은 경기침체 후 회복세를 보이다가 다시 경제가 나빠지는 현상으로 1980년대 초, 오일쇼크 이후 미국의 경기상황에서 유래되었다. 이 밖에도 U자형보다 경제회복의 속도가 느린 나이키형, 경기회복이 빠르게 진행되다가 상승세가 둔화하는 Z자형 등이 있다.

코로나19 팬데믹으로 촉발된 경기침체에 대해 많은 전문가들은 U자형 또는 나이키형의 경제회복을 전망하고 있다. 지나 보면 알겠지만, 확실한 것은 회복은 된다는 점이며, 이는 이미 시작되고 있다.

경기흐름을 보여주는 다양한 곡선

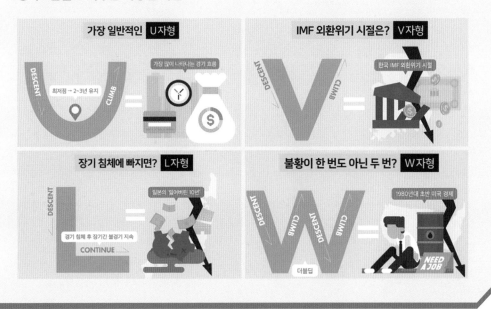

유동성과 물가,
건설업은 오르막? 내리막?

7장 유동성과 물가, 건설업은 오르막? 내리막?

경제성장의 기본, 물가와 고용

    한 국가의 지속가능한 경제성장을 위해서는 무엇이 필요할까? 경제는 여러 요소가 복잡한 실타래처럼 엮여 상호작용하고 있다. 하지만 국가 경제 상황을 진단할 때 크게 보면 두 가지로 요약할 수 있다. 첫 번째는 '물가안정'이고, 두 번째가 '고용안정'이다. 물가와 고용이 안정되어 있으면 경제성장은 자연스레 따라 오는 경우가 많다. 이렇게 표현하면 경제성장이라는 것도 너무 간단하다고 생각될 수 있다. 그렇지만 필립스곡선에서도 알 수 있듯이 물가와 고용을 동시에 안정시키는 것은 생각보다 쉽지 않다. 물가와 고용을 제대로 관리하면 성공적인 골디락스(goldilocks) 시대가 오지만, 현실 경제는 늘 우리가 바라는 대로 흘러가지 않는다.

    2021년 현재 우리나라 경제상황에 대해 생각해보자. 먼저 고용상황은 어떠한가? 2020년 코로나19 팬데믹으로 인해 5%를 넘어섰던 실업률은 2021년 7월 3% 초반대로 안정세를 보이고 있다. 여전히 청년 실업률(15~29세)은 7%대로 높은 수준이나, 이 역시 불과 1년 전 10%에 육박했던 것과 비교하면 점차 상황은 나아지고 있다. 실업률 이외에

필립스곡선
인플레이션과 실업률 간 역의 상관관계가 있음을 나타내는 곡선이다. 두 차례의 오일쇼크를 겪으며, 그 유용성에 논란이 있지만, 여전히 단기적 관점에서 예측성이 뛰어난 것으로 평가받고 있다.

골디락스
영국 전래동화 '골디락스와 곰 세 마리'에 등장하는 소녀의 이름에서 유래된 용어로 경제가 뜨겁지도 차갑지도 않은 호황을 일컫는 용어다. 즉, 높은 성장을 이루고 있더라도 물가상승이 없는 이상적인 상황을 지칭한다.

도 고용상황을 보여주는 지표인 경제활동인구, 취업자, 고용률 등도 전반적으로 개선되고 있다.

고용이 나아지고 있다면, 물가 상황은 어떨까? 2012년부터 2020년까지 약 10년의 기간 동안 우리나라뿐만 아니라 전 세계 대부분의 국가들은 인플레이션에 대한 큰 우려가 없는 상황을 맞이했었다. 생산성 혁신과 값싼 인건비를 기반으로 한 중국, 인도 등 개도국의 풍부한 제품 공급이 있어서 가능한 일이었다. 또한 오프라인에 비해 온라인 소비가 비약적으로 증가하면서 상대적으로 공급자의 이윤이 줄어들고, 소비자 잉여가 증가한 측면도 영향을 줬다. 그런데 2021년 들어 물가상황은 매우 불안정한 흐름을 보여주고 있다. 2021년 상반기 소비자물가는 전년동기 대비 2.5% 상승했으며, 생산자물가도 6.4%나 급등했다.

소비자 잉여

소비자가 실제로 치르는 대가와 그가 주관적으로 평가하는 대가 사이의 차액이다. 예를 들어 5,000만 원을 지불하더라도 사고 싶었던 승용차가 4,000만 원에 판매된다면 소비자 잉여는 1,000만 원이 된다.

소비자물가 상승률 추이

자료: 통계청

생산자물가 상승률 추이

자료: 통계청

앞서 살펴보았듯이 고용 상황이 나아지니, 인플레이션이 말썽이다. 개방경제 하에서 전 세계가 얽히고설키다 보니, 인플레이션이 우리나라만 국한된 문제는 아니다. 많은 국가의 인플레이션 상황은 우리나라보다 심각한 수준이다. 미국의 2021년 소비자물가지수는 1년 전과 비교해 5.4% 올랐다. 3개월 연속 5%대 상승추세가 이어지고 있으며, 이는 지난 2008년 이후 가장 높은 수준이다. 작년까지 디플레이션을 걱정했던 유로존 역시 2%대의 물가상승을 보이며, 유럽중앙은행(ECB)

의 목표치를 넘어섰다. 미국 연방준비제도(Fed) 제롬 파월 의장은 "급격한 물가상승이 경제활동 재개와 공급 차질에 따른 일시적 현상"이라고 말하고 있으나, 많은 전문가들은 인플레이션의 추세가 한동안 계속될 것으로 예상하고 있다.

슈퍼 부양책, 넘쳐나는 유동성

10년 가까이 잠잠하던 물가는 왜 최근 들어 요동치고 있는 것일까? 오랜 기간 이어진 완화적인 통화정책의 결과 저금리가 일상화되었고, 이로 인해 유동성이 크게 증가했기 때문이다. 저금리가 이어지다 보니, '금리는 원래 낮은 거야'라는 인식이 광범위하게 확산되어 있지만, 경제 역사상 지금과 같이 낮은 금리 시대는 사실상 거의 찾아볼 수 없다. 대표적인 제로금리 시대는 세계적인 경제위기 상황이었던 1930년 대공황, 2008년 금융위기 시기, 그리고 코로나19 팬데믹을 겪고 있는 현재가 유일하다.

그런데 인플레이션이 심화되면 저금리 상황은 지속할 수 없다. 굳이 피셔방정식이라는 거창한 경제이론을 거론하지 않더라도 인플레이션이 지속하면 시차만 있을 뿐 금리는 상승한다.

저금리와 더불어 코로나19 팬데믹 극복을 위한 각국 정부들의 확장적인 재정정책이 폭발적인 유동성 증가에 기름을 부었다. 코로나19 위기 극복을 위해 각국 정부가 투하한 유동성은 그 규모와 증가속도가 역사상 가장 크고 빨랐다. 또한 이전에는 유동성이 금융기관과 기업을 중심으로 흘러 들어갔다면, 이번 위기 때는 현금 지급 방식으로 소비자에게 직접 지급되면서 인플레이션 압력을 더욱 키웠다.

IMF에 따르면 코로나19 극복을 위해 2020년 말 기준 세계적으로 14조 달러 규모의 재정지출과 금융지원 조치가 시행된 것으로 조사되었다. 이는 전 세계 GDP의 13.5% 규모로 미국이 4조 달러로 가장 큰 규모의 재정 및 금융 지원이 이루어졌으며, 다음으로 일본, 독일 등인

피셔방정식
(Fisher equation)
피셔방정식은 명목이자율과 실질이자율, 물가상승률 간의 관계를 나타내는 식이다.

실질이자율 = 명목이자율 - 물가상승률.

명목이자율 = 실질이자율 + 물가상승률

즉, 물가가 오르면 명목이자율은 올라가는 구조이다.

명목이자율: 원금에 대한 이자의 비율로 물가상승을 고려하지 않은 이자다. 통상 은행에서 지급하는 이자는 명목이자율이다

실질이자율: 명목이자율에서 물가상승률을 뺀 이자율을 의미한다. 명목이자율이 3%라 하더라도 물가가 5% 상승하면 실질이자율은 -2%가 된다.

것으로 알려졌다. 우리나라 역시 2020년 4차례에 걸쳐 67조 원 규모
의 추경이 이루어졌다. 2021년에도 50조 원 이상의 추경이 예상된다.

주요국 코로나 대응 재정지원 규모
(조 달러)

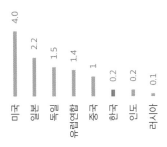

자료: IMF Fiscal Monitor(2021)

선진국과 신흥국의 코로나 대응 지원
(% of GDP)

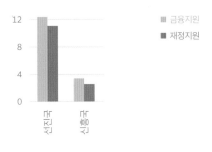

자료: IMF Fiscal Monitor(2021)

유동성을 측정하는 지표인 통화량은 2021년 6월 기준 협의통화
(M1)는 약 20%, 광의통화(M2)는 10% 가량이 각각 증가하여 이전에
비해 증가율이 2배 가까운 수준을 보여주고 있다. 이렇게 넘쳐나는 유
동성은 주식시장, 부동산시장, 암호화폐시장, 원자재시장 등으로 흘러
들어가면서 자산시장의 과열을 부추기고 있다. 넘쳐나는 유동성 시대
를 마냥 즐기기엔 긴축이 머지않아 보인다. 산이 높으면 골이 깊다는
격언을 되새길 때가 왔다.

주요국 통화량(M2) 증가율

국가	2019년	2020년
한국	7.7%	9.3%
미국	6.7%	24.8%
유럽	5.7%	11.7%
영국	4.0%	9.2%
일본	8.7%	14.9%

자료: 이코노미조선 400호, 인플레이션의 귀환

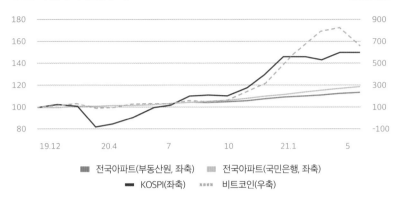

주요 자산가격 상승추이　　　　　　　　　　19.12=100

■ 전국아파트(부동산원, 좌축)　　■ 전국아파트(국민은행, 좌축)
— KOSPI(좌축)　　▪▪▪▪ 비트코인(우축)

인플레이션, 건설업의 영향은?

　인플레이션 상황이 일시적이거나, 단기간에 그친다면 경제주체는 크게 영향을 받지 않을 수 있다. 다만, 물가상승폭이 과도하게 크거나 장기화할 경우에는 인플레이션은 그 누구도 피할 수 없는 고통으로 다가온다.

　일반적으로 경제학에서는 예상된 인플레이션과 예상하지 못한 인플레이션으로 구분하여 문제점을 설명한다. 그러나 굳이 복잡하게 생각하지 않더라도 인플레이션은 가격변화로 인한 자원배분의 왜곡을 발생시키고 장기계약, 장기대출, 장기투자 등을 감소 시켜 경제 전반의 불확실성을 높인다. 게다가 인플레이션은 명목금리를 상승 시켜 세금이 증가하게 되는 문제점을 야기한다. 화폐를 보유한 모든 사람들에게 부과하는 세금과 같다고 해서 이를 '인플레이션 조세', '소리 없는 세금 (silent tax)'이라고도 한다.

　그렇다면 인플레이션은 건설업에 어떠한 영향을 미칠까? 결론부터 말하자면, 그때그때 다르다고 말할 수밖에 없다. 인플레이션과 건설업의 관계를 하나하나씩 따져보기로 하자.

인플레이션의 사회적 비용

부와 소득의 재분배
→ 채권자는 불리/채무자 유리 고정된 연금과 고정된 소득자는 불리

경제불확실성 증가
→ 장기계약, 장기대출, 장기투자 등이 감소하는 등 사회적 후생 손실

경제 효율성 저하
→ 화폐의 거래비용 증가(구두창비용 발생)
가격조정과 관련된 메뉴비용 발생

조세부담 증가
→ 실질소득이 불변이라도 인플레이션에 따른 명목소득 증가로 조세부담 증가

경제성장 저하, 국제수지 악화 등 경제 전반의 피해 증가

인플레이션은 발생원인에 따라 수요견인 인플레이션과 비용인상 인플레이션으로 구분된다. 소비, 투자, 정부지출 등 총수요 증가로 인해 인플레이션이 발생했다면 이를 수요견인 인플레이션이라고 한다. 반대로, 원자재가격 상승, 과도한 임금인상 등과 같은 총공급 측면의 충격이 발생하여 물가가 상승하는 것을 비용인상 인플레이션이라고 한다. 현실에서는 수요 또는 공급측면이 복합적으로 작용하여 인플레이션이 발생하는 경우가 많으며, 이를 혼합형 인플레이션이라고 한다.

수요견인 인플레이션

총수요 증가 → 물가상승, GDP증가, 실업감소

비용인상 인플레이션

총공급 감소 → 물가상승, GDP감소, 실업증가

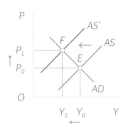

수요측면을 자극하는 대표적인 요인으로는 확대금융정책에 따른 통화량 증가, 적극 재정정책에 따른 정부지출 증가, 독립적인 민간투자 증가 등이다. 이는 경제활성화 기간에 나타나는 일련의 과정으로 경제성장을 동반하는 경우가 대부분이다. 이처럼 인플레이션의 원인이 수요 측면이라면 건설업에는 긍정적인 영향을 미친다. 통화량의 증가는 아파트, 빌딩과 같은 건축투자를 자극하게 되고, 정부지출 증가 역시 SOC투자 등 토목건설을 활성화하기 때문이다.

반면, 원자재가격과 인건비의 상승에 따라 총공급이 감소하게 되는 비용인상 인플레이션은 건설업에 부정적 영향을 미친다. 무엇보다 비용증가에 따라 시설물을 완성하는 데 원가가 증가하게 되고, 이는 이익지표의 감소로 이어질 수 있다. 다만, 기업입장에서 원가상승을 제품가격 인상으로 전가할 수 있다면 부정적 영향을 줄일 수 있다. 예를 들어 건설기업의 경우, 올라간 원가만큼 분양가나 공사비를 인상시킬 수 있다면 비용증가에 따른 피해는 최소화될 수 있다. 경제상황이 원활하고 특히, 주택가격이 상승세에 있다면 분양가 인상에 대한 반발이 크지 않을 수 있어 비용인상 인플레이션의 악영향은 피해갈 수 있다는 의미다. 그러나 경제가 하강국면에 있거나 주택가격이 정체되고 있다면 비용인상 인플레이션은 건설기업에 큰 부담으로 작용한다.

최근 인플레이션에 대한 우려가 상당한데, 많은 전문가들은 현재의 인플레이션의 원인을 수요와 공급측면이 복합적으로 작용하는 혼합형 인플레이션으로 보고 있다. 또한 경제여건이 나아지고 있으며, 주택시장은 과열에 가까울 정도로 호황기를 구가하고 있다. 즉, 수요견인 인플레이션으로 건설업은 활성화될 가능성이 크며, 비용인상 인플레이션은 공사비와 분양가 인상 등으로 기업의 입장에서 부정적 영향을 최소화할 수 있는 여건에 있다.

그리고 인플레이션은 진행 속도에 따라 서행성 인플레이션, 주행성 인플레이션, 하이퍼인플레이션으로도 구분 가능하다. 용어대로 서행성 인플레이션은 물가상승률이 연간 2% 내외로 완만하게 상승하는 상황을 의미하며, 주행성 인플레이션은 연간 5% 이상 물가상승이 지속하는 현상을 의미한다. 하이퍼인플레이션은 연간 물가상승률이 수백%에 달하는 예외적인 상황으로 과도한 화폐발행에 그 원인이 있다. 1920년대 독일, 2000년대 이후 아프리카의 짐바브웨, 남미의 베네수엘라 등에서 하이퍼인플레이션이 발생했다.

인플레이션의 속도가 느리고 완만하게 진행된다면 건설업에는 크게 문제가 되지 않는다. 그러나 인플레이션 속도가 빠르고 그 폭이 커진다면 건설업에는 부정적인 영향이 커진다. 주행성 인플레이션이 발생하면 경제 전반의 불확실성이 커져서 투자를 취소, 보류하는 경우가 많아지기 때문이다.

인플레이션은 순기능도 있으나, 전체적으로 보면 역기능이 더욱 크다. 경제의 효율성이 저하되어 성장에 부정적인 요인으로 작용하기 때

**하이퍼인플레이션
(Hyper inflation) 사례**
· 독일(1919-1921):
  3년간 물가 1조배 상승
· 베네수엘라(2018):
  2,300% 상승
· 짐바브웨(2008):
  2억% 상승

문이다. 산업측면에서도 인플레이션에 수혜를 보는 일부 기업과 산업이 있지만, 일반적으로 수혜를 보는 기업보다 피해를 보는 기업이 더 많다.

인플레이션이 발생하면 건설업은 '좋아질까, 나빠질까?'라는 물음에 '중립적이다'라고 답하는 것이 어쩌면 가장 안전한 답변일 수 있다. 인플레이션의 발생원인과 속도에 따라 건설업에 미치는 영향이 상이한 탓이다. 또한 인플레이션이라는 불확실성이 국제관계, 정책과 제도 등에 따라 어떻게 변화할지 예상하기 어렵기 때문이기도 하다.

다음은 통화주의 경제학의 창시자인 밀튼 프리드먼(Milton Friedman, 1912~2006)이 생전에 인플레이션에 대해 남긴 유명한 글이다. 시장경제하에 살아가고 있는 한 인플레이션에 대한 이해와 관심은 늘 필요한 법이니, 프리드먼의 말을 새겨보는 것도 의미 있는 일일 것이다.

> 인플레이션은 알코올 중독과 같습니다. 술을 마시거나 화폐를 너무 많이 발행할 때, 두 경우 모두 좋은 효과가 먼저 나타납니다. 나쁜 효과는 나중에 나타날 뿐이죠. 그것이 두 경우 모두 과도하게 하려는 강한 유혹이 있는 이유입니다. 너무 많이 마시는 것 그리고 너무 많은 화폐를 발행하는 것이죠. 치유는 그 반대입니다. 금주를 하거나 통화 팽창을 멈출 때 악영향이 먼저 오고 좋은 효과는 나중에야 나타납니다. 그것이 치유를 지속하기 어려운 이유입니다.

인플레이션보다 더 무서운 디플레이션

디플레이션이란, 인플레이션의 반대 개념으로 물가가 지속해서 하락하는 현상을 말한다. 흔히들 인플레이션을 고혈압, 디플레이션을 저혈압에 비유하곤 한다. 저혈압이 되면 우리 몸은 적정량의 피를 공급받지 못하게 되어 신체기관에 문제가 생긴다. 고혈압 환자보다 저혈압 환자의 심장질환 사망위험이 오히려 8% 높다는 연구결과도 있다. 사람의 인체와 마찬가지로 경제에 있어 인플레이션은 위험하지만, 디플레이션은 더 위험할 수 있다.

디플레이션이 경제에 좋은 영향을 미치는 경우도 있다. 기술혁신에 따라 생산성 향상이 이루어지면 생산비용의 하락으로 경제 전반의 물가가 하락하는 현상이 나타날 수 있다. 이는 공급측면의 혁명으로 물가가 하락하더라도 생산성이 더 빠른 속도로 증가하면서 기업의 이윤이 유지될 여지가 크다. 산업혁명을 시작으로 정보통신 혁명에 이르기까지 기술의 눈부신 발전은 우리 경제에 나쁘지 않은 디플레이션을 초래한 바 있다.

디플레이션 발생원인

생산성 향상   총수요 감소

그런데 경제 전반에 악영향을 미치는 무섭고도 끔찍한 디플레이션은 수요의 감소, 과잉투자에 의한 유휴설비 증가로 인해 물가가 하락하는 경우다. 이러한 요인으로 물가가 하락하게 되면 부채의 실질가치가 증가하게 되어, 가계와 기업이 금융기관으로부터 차입한 자금을 상환하기 어려워진다. 이는 소비와 투자의 위축으로 이어져 경제 전반의 생산활동을 위축시킨다. 여기서 부동산과 같은 자산가격까지 하락하게 되면 문제는 더욱 심각해진다. 담보가치의 하락으로 기업의 도산이 늘게 되고, 최악의 경우에는 금융기관까지 부실화되어 고통스러운 악순환이 반복될 수 있다. 물가하락으로 부채의 실질가치가 증가하는 현상을 부채디플레이션이라고 하는데 1930년대 발생한 대공황과 1990년

가계부채
우리나라 가계부채가 1,700
조를 기록하며 GDP 규모를
넘어섰다. OECD 국가 중 최
고 수준이며, 증가속도 역시
압도적이다.

대 일본의 경기침체가 대표적인 사례다. 연일 가계부채가 최고치를 경신하고 있는 우리나라 역시 부채디플레이션에 대한 경계가 필요한 시점이다.

앞서 인플레이션은 건설업에 중립적이거나 오히려 긍정적인 요소가 많다고 언급했다. 그렇다면 디플레이션은 건설업에 어떤 영향을 미칠까? 디플레이션은 차입금에 대한 부담을 증가 시켜 투자활동을 위축시키고 실질임금 상승에 따라 고용도 감소하게 한다. 투자위축은 건설수요 감소에 직접적인 타격을 준다. 여기에 건설업은 부채비율이 높은 산업군에 속하고 있어 디플레이션에 따른 피해는 더욱 커진다.

실제로 2019년 기준 우리나라 제조업의 평균 부채비율이 73.5%인데 비해 건설업은 105.7%로 상대적으로 높다. 또한 중소기업의 부채비율은 162.3%로 대기업 94.9%에 비해 높게 나타나고 있다. 건설업 내 중소기업 비중이 98%임을 고려하면, 디플레이션이 발생할 경우 타 산업에 비해 건설업이 입을 피해가 더욱 크다는 것을 짐작할 수 있다. 인플레이션보다 디플레이션이 우리 경제에 무섭게 다가올 수밖에 없고, 특히 건설업에 있어 디플레이션은 더욱 공포스럽다.

**제조업과 건설업 부채비율
(2019년)**

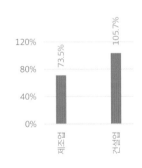

자료: 한국은행, 기업경영분석

**대기업과 중소기업 부채비율
(2019년)**

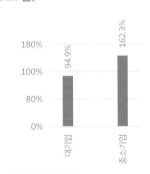

자료: 한국은행, 기업경영분석

우리는 지금 리플레이션 시대?

리플레이션(reflation)이란 물가가 지속해서 하락하는 디플레이션 상태에서 벗어나 아직은 심한 인플레이션에는 이르지 않은 상태를 뜻한다. 리플레이션 시기에는 확대 재정정책과 완화적 금융정책으로 인해 유동성이 크게 증가하는 게 일반적이다. 리플레이션에 대한 설명을 듣고 보니 어떠한가? 마치 2020년과 2021년 상황을 이야기하는 듯한 느낌이 들지 않은가? 실제로 많은 전문가들이 2021년을 두고 리플레이션의 시대가 도래하는 것 아니냐는 의견을 제시하고 있다.

물가상승률의 수준과 방향에 따라 경제 상황을 크게 네 국면으로 구분할 수 있다. 역사적으로 보면 1950년대에서 1960년대 초반까지를 리플레이션 시대라 부른다. 대공황과 세계대전 이후 경제가 지속적으로 좋아지며, 물가 역시 과도하지 않은 수준에서 상승했기 때문이다. 이후 1960년대 중반에서 1980년대 초반은 인플레이션 시기였다. 두 번에 걸친 오일쇼크가 이 시기에 있었다. 1980년대 중반에서 2000년대는 디스인플레이션 시기라고 한다. 이 시기는 상승한 물가를 일정 수준으로 유지하는 것을 목표로 하는데, 실제로 많은 국가들이 오일쇼크 이후 금리와 통화정책을 활용하여 경제 안정화 정책을 펼쳤다. 2010년부터 최근까지는 사실상 디플레이션의 시대였다. 지난 10년은 중국, 인도 등 개발도상국의 저임금을 활용하여 값싼 물건이 공급되었고, 소비의 온라인화가 진행되면서 낮은 물가가 유지되었다.

그리고 2020년 전 세계가 코로나19 팬데믹으로 큰 혼란을 겪었다. 위기 극복을 위한 슈퍼 부양책이 선진국과 개도국 구분 없이 강력히 진행되었고, 이로 인해 다시금 물가가 꿈틀거리고 있다. 최근 인플레이션은 일시적인 문제일 수도 있고 구조적으로 지속할 수도 있다. 어찌 되었건 2010년대보다 높은 수준의 인플레이션 상황이 지속할 가능성이 크다. 이런 이유에서 리플레이션 시대가 다시 오지 않을까 하는 의견들이 곳곳에서 나오고 있는 것이다.

물가변동에 따른 다양한 경제용어

인플레이션: 화폐가치가 하락하여 물가가 지속해서 상승하는 경제현상

디플레이션: 물가가 지속해서 하락하면서 경기가 하락하는 현상

스태그플레이션: 경기가 침체하는 데도 불구하고 물가가 지속적으로 오르는 현상, 경기침체를 의미하는 Stagnation + 물가상승의 Inflation을 합친 용어

디스인플레이션: 인플레이션이 발생했을 때 이를 극복하기 위해 긴축을 실시하는 경제조정 정책

리플레이션: 디플레이션에서는 벗어났지만, 심각한 인플레이션까지는 이르지 않은 상태

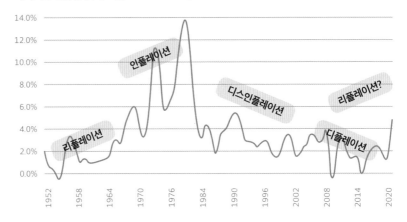

미국 물가상승률 추이(1950-2021)

자료: 한국은행 경제통계시스템

　　만약 2020년대 이후를 리플레이션의 시대라고 가정한다면, 건설경기는 상승할까? 하락할까? 리플레이션 시기에는 경기회복과 더불어 물가가 상승하게 되고 이에 대응하여 금리를 올리는 것이 일반적이다. 즉, 경기회복과 금리상승이 동시에 나타나는 구간이라는 말이다. 경기회복은 건설업뿐만 아니라 모든 산업에 긍정적 영향을 미칠 것이고, 금리상승은 기업에 부담으로 작용하니 부정적 요소일 수 있다. 이렇다 보니 건설업에는 좋지도 나쁘지도 않은 '중립적이다'라는 대답을 또 다시 할 수밖에 없다. 그런데 금리인상이 경기과열과 인플레이션 조절을 위한 수단이라는 측면에서 단순히 금리인상에 대한 부정적 영향보다는 경기회복이라는 긍정적 영향에 더 많은 무게를 두는 것이 합리적으로 보인다. 따라서 리플레이션 시대의 건설업은 긍정적 요인이 더 많을 것으로 생각해볼 수 있다.

　　경제를 예측하고 분석하는 것은 항상 쉽지 않다. 우리는 물가, 고용, 경제성장 등 각 요소의 변화에 따라 경제와 산업이 어떤 영향을 받을까 고민을 하고 답을 찾으려 애쓴다. 그러나 많은 경제요소는 상호작용하면서 시시각각 변하고 있으며, 때로는 예상치 못한 변수가 나타나기도 하고, 정책의 실패가 나타나 엉뚱한 방향으로 전개되기도 한다. 그렇기에 인플레이션, 디플레이션, 리플레이션에 따라 건설업이 받게 될 영향 또한 예상은 할 수 있으나, 확신하기는 어렵다.

물가의 변동은 화폐가치의 변화를 의미한다. 남의 이야기가 아니라 나의 문제와 직결된다. 관심을 가지고 지켜보면 자신의 경제적 문제든 국가 경제 문제든 합리적인 해결방안을 도출해낼 수도 있을 것이다.

물가안정, 중앙은행의 제1의 목표

인플레이션을 측정하는 대표적인 지수로 소비자물가지수(Consumer Price Index: CPI)와 생산자물가지수 (Producer Price Index: PPI)가 있다. 이외에도 수출물가지수, 수입물가지수, 근원물가지수, 생활물가지수, GDP 디플레이터 등이 존재한다. '왜 이렇게 복잡하고 많지?'라고 의문을 가질 수 있지만, 그만큼 물가가 중요하다는 의미로 받아들이면 될 것 같다.

앞서 여러 차례 언급했듯이 최근 들어 전 세계 대부분 국가의 최대 화두는 '인플레이션'이다. 미국을 필두로 유로존, 신흥국으로 물가상승 압력이 커지고 있기 때문이다. 특히, 원자재가격을 중심으로 생산자물가가 크게 올랐는데, 이는 제품가격으로 시차를 두고 반영되기에 소비자물가의 상승압력은 한동안 지속할 가능성이 크다.

주요국의 물가상승률 추이

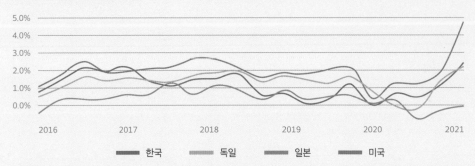

이렇게 중요한 '물가'는 누가 책임지고 관리하고 있을까? 바로 중앙은행이다. 우리나라에서는 한국은행, 미국에서는 연방준비제도, 유로화를 쓰는 유로존에서는 유럽중앙은행이 그 역할을 담당한다. 경제의 핵심 요소인 물가안정이라는 중차대한 임무를 맡겼기에 중앙은행은 정부로부터 최대한 간섭 받지 않고 독자적으로 정책을 펼친다. 우리는 뉴스 등을 통해 한국은행 금융통화위원회가 기준금리를 '상향, 하향, 동결'한다는 내용을 자주 접하게 된다. 금리 이외에도 다양한 수단이 있으나, 중앙은행은 대표적으로 금리를 통해 물가안정 목표를 추구하고 있다.

> **한국은행 설립목적**
> 물가안정은 돈의 가치를 지키는 것이며 돈의 가치는 물가 수준에 좌우됩니다. 물가가 오르면 같은 금액을 주고 살 수 있는 물건의 양이 줄어듭니다. 오늘날 물가안정은 돈을 발행하고 통화신용정책을 수행하는 중앙은행이 책임지고 있습니다. 한국은행도 물가안정 목표를 정하여 국민에게 공표하고 이를 달성하기 위하여 최선을 다하고 있습니다.

한국, 미국, 유로존 중앙은행 모두 물가안정 목표를 2% 수준으로 보고 있다. 즉, 물가상승률이 2%가 넘어가면 물가안정을 위한 긴축수단을 발동할 수 있다는 의미이다. 물론 전체적인 경기상황, 고용 등을 고려하겠으나, 2%가 중요한 기준이 되는 것은 틀림없다.

인플레이션에 대응한 각국 중앙은행의 움직임을 주시하는 것도 경제를 이해하는 데 큰 도움이 될 것이다.

위험부담을 줄여주는
든든한 건설금융

8장

위험부담을 줄여주는 든든한 건설금융

금융, 경제의 핏줄

사회가 다양화되고 급변하면서 그 현상을 표현하는 수많은 신조어가 쏟아지고 있다. 요즘에는 SNS의 일상화로 청소년과 청년들을 중심으로 그들의 특색을 드러내는 신조어가 널리 퍼지고 있다. 신조어는 특히 줄임말의 형태로 많이 나타나는데, '아싸', '인싸'를 비롯해 '따아', '얼죽아' 등 새로운 말들은 계속 탄생하고 있다. 이런 단어를 처음 접하게 되면 무슨 의미인지 한참을 생각하게 된다. 신조어의 뜻을 스스로 알아냈다면 왠지 모를 뿌듯함을, 또 모른 채로 넘어갈 땐 '아, 나도 나이를 먹었구나' 하고 씁쓸한 웃음을 짓게 된다.

사실 경제용어에도 줄임말이 많다. 우선 경제라는 용어조차 '세상을 경영해 백성을 부유하게 한다'라는 뜻의 경세제민(經世濟民)의 줄임말이다. 물가(물건의 가격), 환율(교환비율), 통화(유통화폐), 증권(권리증명) 등 의외로 많은 경제용어가 이렇게 줄임말의 형태로 쓰이고 있다. 지금부터 살펴볼 금융 역시 '자금융통'을 줄여서 부르는 단어다.

금융은 자금을 빌리거나 빌려주는 융통행위를 총칭하는 용어로 경제활동의 핏줄과 같은 역할을 한다. 금융은 인체로 보면 혈관, 기계에서는 윤활유라는 표현이 어울릴 수 있다. 현재의 자원을 미래로 이전하는 행위가 저축이며, 미래의 자원을 현재로 이전하는 것이 차입이다. 이 과정에서 우리는 대출, 증권, 보험 등 다양한 금융수단을 활용하게 된다.

오늘날 금융을 바라보는 시각은 양면적이다. 돈이 필요한 사람들에게 자금을 제공하고, 창업이나 기업활동에 단비 같은 역할을 하는 것은 금융의 순기능이라 볼 수 있다. 부정적인 시각도 상당하다. 금융자본가의 탐욕에 대한 비난이 있으며, 일부 고리대금업과 약탈적 금융에 대한 반감도 적지 않다. 라나 포루하의 '메이커스 앤 테이커스'에서는 금융에 대한 신랄한 비난을 쏟아 부었다. 금융산업이 고용은 4%만 책임지고 GDP의 7%만 담당하면서 전체 기업 수익의 25%를 가져간다는 이유에서다. 실제로 금융기관에 대한 국민들의 인식은 부정적인 측면이 더 크다. 금융위원회의 조사에 따르면 금융기관이 소비자 보호에 노력하지 않는다는 비율이 62.1%로 높게 나타난다.

약탈적 금융
차입자에게 상환능력을 넘는 수준으로 자금을 빌려주는 비양심적인 금융관행이다. 2008년 글로벌 금융위기 이후 금융기관의 탐욕을 비판하는 용어로 주로 사용되었다.

금융기관 국민 인식
(질문: 금융회사가 소비자 보호에 노력한다고 생각하십니까?)

자료: 금융위원회, 2019년 금융소비자 보호 국민인식조사 결과

이런 비판에도 불구하고 금융의 역할이 없었다면 오늘날과 같은 성장과 번영도 불가능했을 것이다. 또 IT기술이 발전하고 세계화가 이루어지며 금융부문이 급성장하면서, 금융의 역할은 많은 우려에도 불구하고 오히려 이전에 비해 그 중요성이 더욱 커졌다.

일반적으로 금융시장은 은행 등 금융중개기관을 통하여 예금, 대출 등의 형태로 자금이전이 이루어지는 간접금융시장과 주식, 채권 등 증권을 통해 자금의 수요자와 공급자 간에 직접적인 자금이전이 이루어지는 직접금융시장으로 구분된다. 금융기관은 자금의 공급자와 수요자 간에 거래를 성립 시켜 주는 것을 목적으로 하는 사업체로 우리나라의 경우 은행, 비은행 예금취급기관, 금융투자업자, 보험회사 및 기타 금융기관으로 구분된다. 이외에도 관점에 따라 단기/장기 금융시장, 자본시장, 외환시장, 파생금융상품시장 등 그 구분이 복잡하게 얽혀있다.

금융이라는 것이 복잡해 보일 수도 있지만, 건설업과 관련한 금융은 의외로 단순하게 접근할 수 있다. 또한 모든 기업이 그렇듯 건설업도 자금융통에서 금융업과 밀접한 관련이 있고, 건설업과 타 산업 간의 비교로 금융과 관련한 건설업만의 특징도 살펴볼 수도 있다. 지금부터 금융시장에서 건설업은 어떤 대우를 받고 있으며, 각 건설기업이 자금조달을 위해 어떤 노력을 하는지 함께 알아보자.

금융시장에서 소외되는 건설업

개인과 마찬가지로 기업 운영에 있어 겪는 수많은 문제의 핵심에는 결국 돈과 연관되는 경우가 대부분이다. 기업은 규모를 불문하고 자금부족 문제를 겪을 수밖에 없다. 자금관리를 아무리 철저히 한다고 해도 경기침체 시기에는 자금사정이 넉넉하기 어렵다. 불황이 장기간 계속되면 제품의 판매량이 줄어들고 수익성이 악화되어, 유보자금을 이용해 버티는 것에도 한계가 있다. 경제가 좋을 때도 자금은 필요하다. 새로운 사업에 대한 투자가 계속되어야 기업의 지속가능성이 담보되기 때문이다.

건설시설물은 고가의 재화로 생산과정에서 많은 규모의 비용이 소요된다. 자금흐름이 원활하지 못한 경우 생산에 문제가 발생하고, 이는 프로젝트의 실패로 이어질 위험성도 따른다. 따라서 건설업은 그 어떤 산업보다도 자금의 흐름이 중요하다고 볼 수 있다. 그러나 아이러니하게도 건설업은 다른 산업에 비해 금융에 대한 수요가 상대적으로 크지는 않은 편이다. 건설공사는 수행 과정에서 소요되는 자금을 자체 조달하는 방식이 아니라 발주자로부터 직접 받는 구조이기 때문이다.

건설공사는 착공 전후에 발주자로부터 선급금을 받는다. 공사과정에서도 공정률에 따라 일정 기간마다 기성금을 수령하며, 공사가 완공되면 준공금을 받는다. 발주자가 정부일 경우 건설공사 대금은 예산이 활용되며, 아파트와 같은 민간공사 역시 선분양제도에 의해 입주 예정자들의 분양대금으로 공사를 진행하게 된다. 다만, 개발사업을 하기 위해서는 토지구입비 등의 자금이 필요하며, 분양제도가 변화하여 후분양이 본격화된다면 외부자금에 대한 수요는 폭발적으로 증가할 수 있다.

건설기업의 자금조달은 다른 산업과 마찬가지로 은행차입에 대한 의존도가 높다. 그런데 타 산업과 차이가 있다면, 건설업 내 중소기업 비중이 98%를 차지하기에 이들은 해외차입이나 증권시장 등을 활용한 직접금융시장에서 자금조달이 어렵다는 점이다. 따라서 일부 증권시장에 상장된 대기업을 제외하면 대부분의 건설업체는 은행 등에 의존할 수밖에 없는 구조다. 그러나 안타깝게도 건설기업은 금융기관으로부터 여신을 받는 데 불리함을 안고 있다. 이는 건설업의 특성상 매출규모에 대한 고정자산 비중이 작아 담보가 마땅치 않기 때문이다. 또한 건설업은 리스크가 큰 산업으로 인식되고 있으며, 고비용·저효율 산업으로 평가받는 경우가 많다. 특히 중소건설업체에 대해서는 회계 및 경영상태가 불투명하고 기업의 상환능력에 대한 정보 부재 등의 이유로 담보와 신용이 뒷받침되지 않으면, 자금조달 자체를 차단하거나 높은 이자율을 적용하는 경우가 상당히 많다.

직접금융시장
채권 또는 주식시장으로 대표되는 직접금융시장을 활용할 수 잇는 건설사는 20개가 채 되지 않는 것으로 파악된다.

산업별 대출금 중 건설업의
비중

10.1%
8.8%
4.4%
4.1%
3.8%
3.5%
3.5%
3.4%

2008
2009
2014
2015
2016
2018
2019
2020

자료: 한국은행

실제로 예금취급기관의 건설업 대출 자료를 살펴보면 건설업체의 자금조달 어려움이 어느 정도인지 알 수 있다. 2020년 기준 기업부문 대출규모는 약 1,394조 원에 이르며, 이중 건설업 대출규모는 47.3조 원으로 전체 산업 중 대출비중은 3.4%를 차지하고 있다. 2008년 건설업 대출규모가 70조 원에 대출비중이 10.1%였음을 고려하면 최근 건설기업의 대출이 급격하게 줄어들었음을 확인할 수 있다.

중소건설업 자금조달, 얼마나 심각할까?

건설업의 금융수요는 상대적으로 타 산업에 비해 적은 편이나, 기업을 운영함에 있어 자금수요는 늘 존재할 수밖에 없다. 대부분 건설기업은 다수의 건설현장을 보유하고 있다. 현장에 따리 선제적으로 투입되는 자금비중이 큰 곳도 있으며, 돌발변수의 발생으로 일시에 자금이 필요한 경우도 많다. 그렇다면 건설업 내 기업 수로 98%, 종사자 수로 80%를 차지하고 있는 중소건설업체는 어떻게 자금을 조달하고 있을까? 이에 대한 내용은 저자가 예전에 작업했던 연구보고서에서 일부 답을 찾을 수 있다.

설문조사를 통한 연구에서 중소건설업체의 자금부족이 발생하는 원인을 분석한 결과, 공사대금의 과소수령(36.1%), 돌발변수 발생(30.2%), 자금계획의 부정확성(16.8%), 자금관리의 부실 및 자금의 용도 전용(6.3%) 등이 중소건설업체의 자금흐름에 문제가 생기는 요인들이었다. 자금조달 방법으로는 대표이사의 개인재산을 활용(49.2%)하거나, 금융기관으로부터 조달(43.6%)하는 것으로 나타났다. 무엇보다 대표이사의 개인재산을 활용하는 것이 가장 높은 비율을 보였는데, 이는 일반 타 산업과 차이가 있는 부분으로 상당수의 중소건설업체가 영세하여 금융기관 등을 통한 외부조달이 쉽지 않다는 것을 의미한다. 또한 중소건설업체는 회사채나 주식 등을 발행하는 직접금융이 사실상 불가능에 가깝기 때문에 간접금융을 통한 차입을 주로 하고 있었다.

추가조사에 따르면 자금조달은 제1금융권을 주로 이용하되, 거래가 어려울 경우 제2금융권, 이도 여의치 않을 경우 사채시장까지 이용하는 것으로 나타났다. 은행 등을 통한 자금조달은 소액의 경우 신용대출을 이용하나, 대부분은 담보를 통해 받는 것으로 조사되었다. 담보대출을 이용할 때 주로 제공되는 담보는 부동산이 75.2%로 가장 높았고, 다음으로 공사대금채권(11.2%), 유가증권(5.6%)의 순으로 나타났다.

전체적으로 중소건설업체의 자금조달 여건은 녹록지 않은 것으로 보인다. 그렇다고 금융여건 개선을 위한 뚜렷한 해결책이 존재하는 것도 아니다. 금융기관이 건설기업에 대해 보수적으로 평가를 계속하는 한 신뢰도 제고를 위한 재무제표의 투명성을 강화한다거나, 수익성 향상을 통해 재무상태를 개선하는 원론적인 해답밖에 존재하지 않는다.

결국 중소기업 스스로의 노력이 가장 중요하다. 자금의 원활한 조달은 기업의 생사와 직결되는 중요한 문제다. 효율적인 자금조달은 기업의 수익성을 높이고 지속가능한 성장을 도모하지만, 그렇지 못할 경우 결국 치열한 경쟁 속에서 퇴출당할 수밖에 없다. 전문 인력을 통해 자금관리 계획을 수립하고 효율적으로 집행하는 것이 최선의 방법일 것이다.

건설업 위험대비, '보증'

건설업은 운영자금 마련을 위한 대출과 같은 금융수요 외에도 건설공사 참여자의 위험과 손해에 대한 보증수요도 필요한 산업이다. 모든 산업에서 보증이 요구되지만, 건설업은 시설물 공급까지 상대적으로 장기간이 소요되고 계약관계가 복잡하게 얽혀 있어 의무이행을 보장하기 위한 보증장치에 대한 필요성이 더욱 크다.

보증이란 채무자가 채무를 이행하지 아니할 경우, 채무자를 대신하여 채무를 이행할 것을 부담하는 일로 각종 거래행위에서 발생하는 신용위험을 감소시키기 위해 보험 등에서 취급하는 제도다. 즉, 보험자

제1금융권
일반은행 및 시중은행, 인터넷 전문은행(카카오뱅크, 케이뱅크 등)

제2금융권
증권사, 보험사, 신탁사, 저축은행, 새마을금고 등

제3금융권
제도권 밖의 대부업체

(보증기관)가 보험료를 받고 채무자인 보험계약자가 채권자인 피보험자에게 계약상의 채무불이행 또는 법령에 따른 의무불이행으로 손해를 입힌 경우에 그 손해를 약정한 계약에 따라 보상하는 방식이다. 보증보험은 우리가 일반적으로 생각하는 손해보험과는 다른 성격을 가진다. 보증보험과 일반손해보험은 손해를 보상한다는 면에서는 결을 같이 하지만, 보증보험은 채무자의 채무불이행으로 인한 손해를, 일반손해보험은 불확정적인 사고로 인한 손해를 보상하는 제도다. 사고의 성격도 다르다. 보증보험은 채무자의 고의나 과실로 인한 손해를 담보하고, 일반손해보험은 보험사고의 우연성을 따지며 고의나 과실로 인한 손해는 면책된다.

보증보험과 일반손해보험의 차이

구분	보증보험	손해보험
계약당사자	보증보험사, 채무자, 피보험자 간 3자 계약	손해보험사와 피보험자 간 2자 계약
보험사고	주채무자의 인위성과 고의성	우연성
보험료의 의미	수수료적 성격	손실보전을 위한 기금형식
구상권	있음	없음(제3자 책임시 보험계약자 명의로 대위권 행사)
해지권	보증인에 의한 해지 불가능	보험자의 해지 가능
보험자의 면책권	미적용	적용

자료: 서울보증보험

건설프로세스별 보증상품

공사발주
입찰보증
↓
공사계약
계약보증
공사이행보증
↓
공사진행
선급금보증
하도급대금보증
건설기계보증
↓
공사완공
하자보수보증

건설공사는 발주, 계약, 공사진행, 완공에 이르기까지 수많은 계약이 수반된다. 따라서 계약이행에 대한 책임이 필요하며, 이에 따른 다양한 보증이 활용된다. 보증기관마다 20~30개의 보증상품을 취급하고 있는데, 건설업에서의 대표적인 보증상품은 다음과 같다.

먼저 공사발주 시 '입찰보증'이 필요한데, 이는 공사를 낙찰받은 건설회사가 발주자와 계약 체결을 하지 않는 경우, 발주자가 입게 되는 손해를 보전하기 위함이다. 다음으로 공사계약 체결 이후 건설회사가 계약을 제대로 이행하지 않는 경우 발주자가 입을 손해를 방지하기 위해 '계약보증'이 필요하다. 또한 이때 공사 재발주 등 건설회사를 대신하여 공사 준공을 책임지는 보증이 '공사이행보증'이다. 보증은 여기서 끝나지 않고, 공사진행 과정에서도 요구된다. 건설회사는 공사의 원활한 진행을 위해 발주자로부터 선급금을 받거나, 하도급업체와의 계약, 건설기계업자와 대여계약 등을 하게 되는데 이때마다 선급금보증, 하도급대금지급보증, 건설기계대여대금지급보증 등이 필요하다. 건설회사의 부도 등에 따라 계약이행이 제대로 이루어지지 않을 경우를 대비하기 위해서다. 마지막으로 공사가 완공되고 나서도 일정 기간 시설물에서 발생하는 하자보수의 책임 의무를 위해 '하자보수보증'이 필요하다. 하자보수보증의 경우 시설물과 공종에 따라 1년에서 최고 10년까지 보장하게 된다.

결국 건설보증은 건설사와 발주자, 건설회사 간, 건설회사와 자재/장비업자 사이에 계약이행을 담보하게 하는 장치라고 볼 수 있으며, 이는 건설공사 계약의 신뢰성을 높이기 위한 중요한 수단 중의 하나로 볼 수 있다.

건설금융기관 '공제조합'은 왜 탄생했을까?

건설기업에 대한 금융기관의 보수적 판단은 어제오늘의 일이 아니다. 1950년대로 거슬러 올라가도 상황이 비슷했다는 사실을 알 수 있다. 1950년대와 1960년대에는 전후복구 등으로 건설공사 수요가 많았다. 그런데 사회경제적 상황으로 인한 건설 수요가 상당했음에도 많은 시공업체가 자금과 기술력 부족 문제를 겪었다. 자금과 기술력 부족 문제는 당시에도 부실공사 문제로 불거졌으며, 이에 금융권에서는 건설업자에 대한 대출을 거부하는 일이 많아졌다. 심지어 건설업체에 대한 대출을 금지하는 내규까지 만든 은행도 있어 일부 대형건설업체를 제외한 대부분의 건설기업들은 제도권 은행을 이용하기 어려운 실정이었다.

이러한 업계 전반의 문제를 해결하기 위해 건설업계는 건설은행이나 건설금고 형태의 건설금융 전담기관의 설립을 추진하였으나, 결과적으로 실패했다. 이후 건설업계는 상호부조적 성격의 협동조합 형식을 취한 공제조합을 설립하였다. 공제조합의 설립은 당시 건설부의 법안 제안서에 그 이유와 의의가 잘 나타나 있다.

정부는 구정권시대에 난립하고 있던 불건전한 건설업체(1,400여 업체)를 1962.5.17.을 기하여 563업체로 대폭 정비하고, 그 후 33업체를 추가 면허하여 1962.11.22. 현재로 도급 596업체(576업자)가 되었는데, 이 현존하는 건설업체도 대개가 중소업체인 까닭에 영세성을 면치 못하고 있는 실정에 있으므로, 건전한 건설공사의 시공을 위해서는 이들 업체의 육성방안이 적극 강구되어야 할 것인 바, 현행제도상으로는 1개 공사 도급시마다 도급금액의 10/100에 해당하는 계약보증금을 납부해야 할 뿐만 아니라, 준공시에는 1~3년간 하자보수보증금으로 도급공사금액의 2/100~5/100의 금액을 납부해야 하므로, 건설업자는 결국 운용자금조달에 급급하여 사채에 의존할 수밖에 없어, 경제적인 악순환을 초래하고 급기야는 도산에 이르는 실정에 있으며, 또한 도산 직전에 있는 업자는 업체유지와 사채유인의 구실에 혈안이 되어 담합, 덤핑 등을 감행하는 까닭에 부실한 공사가 되어, 기업주인 국가 또는 공공단체에 해를 미치는 사례가 적지 않으므로, 이번 이 법에 의하여 건설업자는 건설공제조합을 설치하여 공제조합으로 하여금 그들이 도급 받은 공사에 대한 계약보증 및 하자보수보증을 하게 하여 건설공사비 이외로 소요되는 금액의 부담을 경감시키고, 자금의 조달을 용이하게 하여 건설업자의 자금의 궁핍으로부터 오는 부작용을 제거함으로써 건전한 건설업계를 육성하고자 하는 것임.

공제조합의 주요 업무

보증
건설업 신뢰성↑

융자
운영자금 대출

공제(보험)
현장위험 감소

신용평가
수익사업

이러한 취지로 설립된 공제조합은 출자한 건설기업에 대하여 보증 및 융자 업무를 제공하고 있다. 이후 건설공제조합은 1988년에 전문건설공제조합과 분리되었고, 1996년에는 대한설비건설공제조합이 설립되어 보증 및 융자 등 금융업무를 수행하고 있다.

이 밖에도 전기공사업, 정보통신공사업, 소방공사업 등도 공제조합을 설립하여 해당 기업들의 보증 등을 해결하고 있다. 공제조합은 제도

금융권으로부터 소외될 가능성이 큰 중소업체나 신생업체의 담보능력을 보증함으로써 영업활동을 보장하고 다양한 금융혜택과 사업 참여에 대한 균등한 기회를 제공했다는 측면에서 그 의의가 있다. 공제조합은 건설금융을 전담하는 대안 기관으로 육성되어 현재까지 건설기업을 위한 전문적인 금융창구 역할을 수행하고 있다.

공제조합들은 해당 조합에 출자 등을 통해 가입한 조합원(건설기업)에게 대체로 보증, 융자, 공제, 신용평가 등의 서비스를 제공한다. 출자금을 기반으로 설립하였기에 보증수수료, 융자금리, 공제료 등은 상대적으로 저렴한 편이며, 건설기업들의 이용만족도 역시 높은 수준이다.

건설금융, 환경변화에 발맞춰 혁신 필요

최근 건설업의 다양한 환경변화는 건설금융기관인 공제조합의 혁신을 요구하고 있다. 2016년 다보스포럼을 통해 4차 산업혁명이라는 화두가 던져지면서 건설업에 있어서도 새로운 생산방식, 생산기술, 생산요소의 변화가 나타나고 있다. 주력산업의 성장정체, 대기업 위주의 산업생태계, 생산가능인구의 감소는 중장기적으로 건설산업의 저성장 시대를 고착화할 우려도 분명 존재한다. 지속가능한 성장에 대한 요구와 그 중요성이 커지면서 친환경, 안전 등이 이익창출만큼 중요해지고 있다. 여기에 코로나19 팬데믹으로 인한 산업의 디지털화, 비대면 문화 확산이 가속화되고 있어 건설업계 전반에 걸쳐 변화를 요구하는 목소리도 높아지고 있다.

이러한 건설업 내 변화의 바람은 건설금융기관인 공제조합에도 많은 영향을 미칠 수밖에 없다. 현재 공제조합들은 건설기업만을 조합원으로 두고 있으며, 이들을 대상으로 법에서 정한 보증, 융자, 공제상품을 판매하고 있다.

다보스포럼
1971년에 창설된 국제 민간회의로 저명한 기업인, 학자, 정치가, 저널리스트 등이 모여 세계경제에 대해 논의하고 연구한다. 1981년부터 매년 1~2월에 스위스 다보스에서 열린다.

그러나, 미래 건설산업은 융복합이 확산하여 산업간 경계가 모호해질 가능성이 커지고 있다. 건설 밸류체인 전반이 기존 전통 생산방식에서 스마트 건설기술 확산으로 진화되고 있기 때문이다. 이는 공제조합에서 제공하는 기존의 상품으로는 해결이 어려울 수 있어, 새로운 보증 수요에 대한 대응이 필요해졌다는 의미이기도 하다.

또한 사회 전반이 디지털로 전환되면서, 금융산업 전반으로 비대면 서비스가 확대되고 있다. 모바일, 핀테크, 온라인 영업 등은 이제는 선택이 아니라 필수인 시대다. 이러한 시대적 흐름에서 건설금융 부문에 대안이 없다고 안주하게 되면 도태될 가능성도 그만큼 커진다. 건설금융 부문에서의 전문적인 역량과 경험이라는 장점을 유지하면서 고객 서비스를 고도화하고 새로운 영역에 대한 도전을 이어나가야 한다.

대표적인 건설보증기관은?

우리나라에서 건설보증을 담당하는 공제조합은 1960년대 건설보증금을 발주처에 현금 예치하는 등 금융기능이 미비한 상황에서 건설업체들의 의무출자를 통해 설립되었다. 현재 건설보증시장은 건설관련 3개 공제조합과 SGI서울보증 등이 참여하고 있다.

각 공제조합은 「건설산업기본법」의 적용을 받으며, 국토교통부의 관리·감독을 받는다. 개별 건설기업을 조합원으로 하여 보증, 융자, 공제사업 등을 담당하고 있다. 건설공제조합은 종합건설업체, 전문건설공제조합은 전문건설업체, 기계설비건설공제조합은 기계설비건설업체를 각각 주요 조합원으로 두고 있다. 물론 건설기업의 의사에 따라 자유롭게 공제조합을 선택할 수 있으나, 전체적으로 해당 산업별 가입 공제조합은 뚜렷한 상관관계를 갖는다. 다만, 최근 생산체계 개편 등에 따라 향후 건설관련 공제조합 간 경쟁은 가속화될 것으로 예상된다. 공제조합간 우량한 기업을 유치하기 위해 수수료를 인하한다거나, 각종 서비스를 제공할 가능성도 있어 보인다.

한편, SGI서울보증은 금융감독원 관할 하에 「보증보험법」의 규정을 적용받고 있다. 타 손해보험사는 건설현장에서의 보험상품 판매 등에만 참여하는 것과는 달리 서울보증보험은 독점적으로 보증업무까지 취급하고 있다. 취급 대상 또한 종합, 전문, 설비 등 업역에 관계없이 가능하다. SGI서울보증은 과거 부실화로 인해 10조원이 넘는 공적자금이 투입되었다. 따라서 이를 회수한다는 명분으로 오랜 기간 일반 보험사와 경쟁 없이 유일한 사업자로 보증보험을 판매하고 있다.

건설관련 공제조합 가운데, 건설공제조합이 시장점유율이 가장 높다. 자본은 6.3조 원에 달하며, 2020년 보증실적은 51.2조 원에 이른다. 전문건설공제조합은 조합원수가 55,793개사로 가장 많다. 주로 전문건설업 등 중소기업을 주요 조합원으로 두고 있다. 자본은 5.3조 원이며, 보증실적은 18.3조 원이다. 기계설비건설공제조합은 상대적으로 규모가 작은 편이다. 7,822개사의 조합원으로 두고 있으며, 연간 보증실적은 7,700억 원 수준이다.

건설 관련 공제조합 2020년 기준 주요 현황

건설공제조합 Construction Guarantee	조합원 수	자본	보증실적	융자실적
	12,971개사	6.3조 원	51.2조 원	3.3조 원
전문건설공제조합	조합원 수	자본	보증실적	융자실적
	55,793개사	5.3조 원	18.3조 원	1.8조 원
기계설비건설공제조합 PLANT & MECHANICAL CONTRACTORS FINANCIAL COOPERATIVE OF KOREA	조합원 수	자본	보증실적	융자실적
	7,822개사	7,700억 원	2.9조 원	940억 원

자료: 각 공제조합 경영공시

건설,
투자가치를 따져보자

9장 | 건설, 투자가치를 따져보자

투자 광풍의 시대

바야흐로 투자 광풍의 시대다. 홈쇼핑의 단골 멘트인 "오늘이 가장 싸다"라는 거짓말 같은 말이 현실에서 벌어지고 있다. 아파트 가격은 몇 년째 오늘이 가장 싸다는 걸 증명하고 있고, 주식이나 암호화폐의 가격 역시 천정부지로 올라가고 있다. 투자과열 현상이 비이성적인 것처럼 느껴지기도 하지만, 가격상승이 지속하고 있어 가장 이성적인 상황이기도 하다. 투자 광풍을 반영하는, 이제는 너무나 익숙한 단어가 된 신조어도 많이 생겨났다. 영혼까지 돈을 끌어모아 투자를 한다는 의미의 '영끌', 빚내서 투자한다는 '빚투', 자산형성에 열을 올리며 국내는 물론 해외투자까지 나선 '동학개미'와 '서학개미', 암호화폐 투자자들을 비하하는 '코인충'… 투자와 관련된 많은 신조어는 이미 우리 시대의 표상이 되어버렸다.

대한민국 모두가 주식, 암호화폐, 부동산 투자에 열을 올리고 있으나, 그 중심에는 단연 2030 세대로 불리는 MZ세대(밀레니얼+Z세대, 1981~2010년생)가 있다. 2020년 새롭게 주식투자를 시작한 300만 명 중 53.5%가 30대 이하다. 해외 주식에 투자하는 2030 세대 비중은 60%이며, 암호화폐 시장에서는 이보다 높은 66%에 이른다. 이들은 부동산 투자에도 적극적이다. 30대 이하의 아파트 매매 비중은 2019년 31.83%에서 2020년 37.3%까지 올라섰으며, 2021년 1분기에는 41.9%까지 증가했다. 최근에는 전통적인 투자처 외에 미술품, 음악저작권과 같은 아트테크까지 생겨나고 있다. 재테크 관련 책들이 서점가 베스트셀러를 점령하고 있고, 투자 관련 유튜브 채널도 우후죽순 생겨나 큰 인기를 끌고 있다.

세대구분 및 인구비중

구분	베이비부머 이전 세대	베이비부머 세대	X세대	밀레니얼 세대	Z세대	알파세대
출생연도	1954년 이전	1955-1964	1965-1980	1981-1996	1997-2010	2011년 이후
인구비중	14%	15%	26%	22%	14%	9%
2020년 새롭게 주식투자 시작	11%	29%	34%	45%	60%	-

일각에서는 지나친 투자 열풍에 대한 우려의 목소리도 있다. 하지만 투자하는 것 외에는 별다른 대안이 없는 지금의 사회경제적 환경을 되돌아볼 필요도 있다. 청년실업률에서도 알 수 있는 취업난, 취업을 해서 평생 저축해도 엄두가 나지 않는 집값, 근로소득보다 높은 자본소득, 게다가 투자하지 않으면 도태되어 벼락거지가 될 수 있다는 조바심이나 상대적 박탈감… 좋든 싫든 남들만큼 돈을 벌기 위해서는 투자로 내몰릴 수밖에 없는 환경이다.

경제적 고민과 불안은 2030 세대만의 문제가 아니다. 노인빈곤율 1위라는 통계가 남의 이야기가 아닌 자신의 이야기가 될 수 있다는 아찔함에 걱정이 앞서기도 한다. 길어진 수명만큼 은퇴 이후 새로운 삶을 준비해야 한다. 100세 시대, 인생 이모작이라는 말이 있듯 60세에 퇴직하고 나서 아무런 준비가 없다면 남은 40년의 시간이 큰 공포로 다가올 수도 있다. 자녀 교육비도 만만치 않은 데다 자녀를 부양하는 기간 역시 증가하고 있다.

이유 없는 투자는 없지만, 갈수록 투자를 해야만 하는 이유가 하나둘 늘어만 간다.

대가들의 투자 방법

투자 광풍의 시대, 그렇다면 우리는 어디에 어떻게 투자해야 할까? 사실 투자에 대해서는 명확한 답이 없다. 아니 답을 모른다고 해야 더 정확한 표현이다. 어쩌면 그 답을 주는 사람을 의심해야 할지도 모른다. 경제학을 오랜 기간 공부했지만 투자만큼 어려운 것이 없다. 어느 지역에 부동산 가격이 오를지, 언제 조정이 올지 우리는 신이 아니기 때문에 정확히 알 수는 없다. 주식투자는 애초에 미지의 영역이 아니던가? 학습과 경험을 통해 성공적인 투자의 확률은 높일 수 있겠으나, 그 이상은 지나친 욕심일 수 있다.

주식시장에 한정해서 보더라도, 투자의 대가라고 불리는 워런 버핏, 조지 소로스도 만족할 만한 답을 주긴 힘들 것이다. 이들은 공통적으로 일주일 뒤에 주가를 예상하거나 특정 종목의 상승과 하락을 맞추는 것은 신의 영역이라고 대답한다. 원론적이지만, 사실상 투자의 정석에 가까운 '장기투자'를 권하는 목소리도 많다. 동학개미의 선봉장이라는 의미로 '존봉준'(존리 + 전봉준)으로 불리는 메리츠자산운용의 존리 대표는 한 언론과의 인터뷰에서 이런 이야기를 했다. "투자 변동성은 컨트롤할 수 없지만 위험성은 줄일 수 있다. 그 해답이 장기투자이다." 13년(1977년~1990년) 동안 2,700%의 전설적인 수익률을 기록한 '마젤란펀드'를 들어봤을 것이다. 복리효과를 고려하더라도 연평균 30%에 가까운 수익을 낸 것이다. 그런데 재미있는 것은 이러한 전설적인 펀드에 투자한 사람들의 절반이 손실을 봤다는 사실이다. 손실을 본 이유는 상승기에 펀드에 투자했다가 하락기에 환매했기 때문이다.

투자 대가의 말 말 말

워런버핏: 남들이 욕심을 낼 때 두려워하고, 남들이 두려워할 때 욕심을 내라.

피터린치: 연구하지 않고 투자하는 것은 카드를 보지 않고 포커게임을 하는 것과 같다.

조지소로스: 내가 부자가 된 것은 내가 틀렸다는 것을 알고 있기 때문이다.

짐로저스: 누구의 말도 듣지 말고, 당신이 알고 있는 것에만 투자하라.

토니로빈스: 모든 성공 투자자들은 분산투자로 위험을 줄인다.

찰스엘리스: 장기 관점에서 투자하라. 단기투자와 달리 장기투자에서는 놀랄 일이 없다.

존네프: 엉성한 투자자들에게 좋지 않아 보이는 종목에 투자하고, 실제 가치를 인정받을 때까지 끈질기게 버텨라.

주식시장에는 수많은 격언이 존재한다. 얼핏 보면 '당연한 말', '좋은 말 퍼레이드'로 보일 수 있다. 하지만 일반 투자자들이 알고는 있지만 실천하지 못하는 대부분의 상황과 맞아떨어진다.

투자나 주식 관련 도서도 아니고, 주식투자에 대한 전문적인 지식도 없기에 여기서는 건설업과 관련된 시장과 기업을 살펴보고, 건설업종 주가에 영향을 줄 수 있는 요소들을 소개하고자 한다. 건설업종에 투자하고자 하는 이들에게 조금의 도움이 되기를 바란다.

건설업종, 어떤 주식이 있나?

주식시장에 상장된 건설기업을 알아보기 위해 단순히 '00건설'이라는 이름으로 검색하면 20개밖에 나오지 않는다. 건설업의 법적 분류를 기반으로 종합건설업, 전문건설업, 건설엔지니어링을 포함하여 넓게 봐도 60개가 채 되지 않는다. 우리나라 유가증권시장과 코스닥시장에 상장한 기업 수가 2,300개가량 되니 이렇게 보면 건설기업의 비중은 2.6%에 불과하다.

그러나 투자에 있어서 건설은 법적 분류에서 벗어나 조금 더 넓게 볼 필요가 있다. 건설경기가 좋다면 건설기업의 매출과 이익이 증가하여 주가는 올라갈 가능성이 크다. 그런데 여기서 끝이 아니다. 건설업은 시설물을 완성하는 데 제법 오랜 시간이 소요되며, 건설 프로세스별로 건설업 이외에 다양한 산업이 참여하기 때문이다.

아파트를 중심으로 건설수주가 폭발적으로 증가했다고 가정해보자. 현대건설, GS건설, 대우건설 등 건설업종에 포함되어 있는 기업의 주가에 청신호가 올 것이라는 건 누구나 예상할 수 있다.

앞서 말했듯이 건설경기가 좋아지면 건설업 종목에만 영향을 주는 것은 아니다. 건설물량이 증가하게 되면 건설업종뿐만 아니라 착공에서 준공 간의 밸류체인 내 건설 자재업종 역시 이익이 증가한다. 기초공사에서는 콘크리트파일의 수요가 증가한다. 골조공사로 넘어가게 되면 철강, 시멘트, 레미콘, 거푸집 등을 생산·판매하는 기업의 매출이 늘어난다. 마감공사 단계에서는 창호, 바닥재, 석고보드를 비롯하여 최종적으로 도료, 가구기업까지 혜택을 받게 된다. 건설자재 기업 외에도 전기, 정보통신, 소방, 폐기물 업체 역시 매출이 함께 증가한다. 이 외에도 건설투자 증가는 건설업에 활용되는 기계, 장비의 수요증가를 의미하기에 건설기계 제조업체 역시 활기를 띨 가능성이 매우 높다.

최근에는 단순히 건설 시공뿐 아니라 부동산개발과 서비스 산업의 부가가치가 높아지고 있다. 많은 기업들이 참여하고 있으며, 국내외 부동산 자산을 활용한 리츠상품까지 크게 증가하고 있다.

리츠(REITs)

다수의 투자자로부터 자금을 모아 부동산 및 부동산 관련 증권에 투자해 운영하고 그 수익을 투자자에게 돌려주는 부동산 간접투자 회사다. 리츠의 시장규모는 2004년 1조 원에 불과했으나, 2020년에는 63조 원까지 확대되었다.

건설공사 프로세스별 주요 건설자재 수요

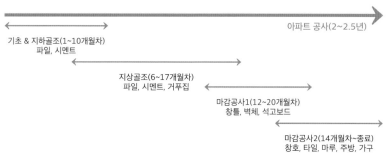

아파트 공사(2~2.5년)

기초 & 지하골조(1~10개월차)
파일, 시멘트

지상골조(6~17개월차)
파일, 시멘트, 거푸집

마감공사1(12~20개월차)
창틀, 벽체, 석고보드

마감공사2(14개월차~종료)
창호, 타일, 마루, 주방, 가구

자료: 이베스트투자증권 리서치센터

다음 표에서는 건설기업과 더불어 건설 관련 산업의 주요 기업들을 정리하였다. 최근에는 산업간 융복합이 가속화되고 있어 건설업과 연관된 산업과 기업이 계속해서 증가하고 있는 추세다. 투자에 있어 건설이라고 하면 건설업 이외에 다양한 산업을 떠올리고 각 기업별로 매출, 이익, 주가 흐름 등을 함께 살펴볼 필요가 있다.

건설관련 상장기업 리스트

건설 관련 산업	주요 기업
건설업	현대건설, GS건설, 삼성물산, DL, 대우건설, HDC, 동아지질, 삼호개발 등
콘크리트 파일	아이에스동서, 삼일씨엔에스, 동양파일, 티웨이홀딩스 등
철강(철근)	현대제철, 동국제강, 대한제강, 한국철강, 부국철강 등
시멘트/레미콘	쌍용양회, 한일시멘트, 아세아시멘트, 삼표시멘트, 유진기업, 동양 등
거푸집	제일테크노스, 삼목에스폼, 덕신하우징, 다스코, 원하이텍 등
바닥/창호	KCC, LX하우시스, 이건산업, 성창기업지주, 동화기업, 한솔홈데코 등
페인트	KCC, 노루페인트, 삼화페인트, 조광페인트, 강남제비스코 등
가구	한샘, 현대리바트, 지누스, 에이스침대, 퍼시스, 시디즈, 한국가구 등
인테리어	한샘, KCC글라스, 현대리바트, 에넥스, 하츠, 대림B&Co 등
건설기계	두산인프라코어, 현대건설기계, 현대에버다임, 광림, 진성티이씨, 디와이 등
부동산개발&서비스	자이에스앤디, 이스타코, 해성산업, SK디앤디, 맥쿼리인프라, 서부T&D, 한국토지신탁, 한국자산신탁 등
건설폐기물	자이에스앤디, 이스타코, 해성산업, SK디앤디, 맥쿼리인프라, 서부T&D, 한국토지신탁, 한국자산신탁 등
리츠	신한알파리츠, 롯데리츠, NH프라임리츠, 제이알글로벌리츠 등

건설주에 영향을 주는 요소 - ① 주택공급

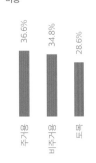

최근 5년간 세부 건설투자 비중

자료: 한국은행

주택의 수요와 공급은 건설시장 여건과 흐름을 결정하는 바로미터로 작용한다. 그도 그럴 것이 건설투자에서 아파트 건설과 같은 주거용 건물투자의 비중이 가장 크기 때문이다. 최근 5년 동안 우리나라 건설투자를 세부적으로 쪼개보면 주거용 건물투자의 비중이 36.6%로 가장 높고, 다음으로 비주거용(34.8%)과 토목투자(28.6%)로 각각 나타나고 있다.

주거용 투자 비중이 원래 가장 큰 포지션을 차지하는 것은 아니다. 일반적으로 개발도상국 시절에는 철도, 도로, 공항, 항만 등 대규모 기반시설 구축이 중요하기에 토목투자의 비중이 크다. 이 시기가 지나게 되면 본격적인 도시화가 이루어진다. 이 과정에서 주거용 투자와 더불어 상가, 오피스 등과 같은 비주거용 건물투자가 크게 증가한다. 토목 투자에 대한 수요가 없는 것은 아니나, 과거와 같이 새롭게 도로나 철도를 대규모로 구축하지 않을 가능성이 크다. 따라서 향후에도 건설투자에서 주거용과 비주거용이 차지하는 비중은 서서히 증가할 것으로 보인다.

최근에는 주택에 대한 수요가 전례 없이 커지고 있어 가격이 크게 상승하고 있다. 서울과 수도권은 물론이고 광역시와 지방도시까지 상승세가 확대되고 있다. 2021년 들어서만 전국 아파트 가격이 18% 상승하는 등 매수 열기가 진정되지 않고 있는 실정이다. 그 결과, 아파트는 물론 그간 비인기 자산으로 인식되던 빌라, 오피스텔조차도 가격상승이 전이되고 있다.

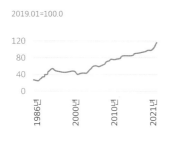

매매가격지수 장기 추이

2019.01=100.0

자료: 국민은행

주택유형별 가격 상승률(21년 9월 기준)

자료: 국민은행

정부는 가격상승에 대응하여 각종 규제정책을 펼쳤음에도 효과가 없자, 이제 본격적인 주택공급 확대 정책으로 방향을 선회했다. 공공주도로 서울 32만호, 전국 83만호의 주택공급 확대방안인 '공공주도 3080+' 대책을 내놓았고, 2022년 이후에는 3기 신도시를 중심으로 토지 공급이 본격화되면서 분양 물량이 크게 증가할 것으로 보인다.

넘쳐나는 수요에 비해 규제 일변도 정책으로 인해 공급을 제어해왔는데, 공급을 늘리겠다니 주택의 실수요자 입장에서는 반가운 소식이 아닐 수 없다. 이는 건설업종 주가에도 큰 호재이다. 대규모 공급물량의 증가는 대형건설업체뿐만 아니라 중소형건설업체와 건설자재업체의 신규 매출에 따른 성장에 기대를 주기에 충분하기 때문이다.

다만 주택공급 과정은 지켜볼 필요가 있다. 대도시권의 주택공급 여건이 과거 주택 200만호 건설시절과는 판이하게 다르기 때문이다. 도심 내 택지가 부족해졌고, 보상 등에 있어 주민들의 반발이 지속하고 있어 실제 계획에 비해 공급물량이 축소될 가능성이 크다. 실제로 태릉 골프장 부지는 1만 가구 공급을 계획했으나, 그린벨트를 보전해야 한다는 주민과 시민단체의 반발에 부딪혀 속도가 늦어졌고, 결국 당초 계획에 비해 30% 이상 줄어든 6,800가구를 공급하기로 했다. 또한 정부과천청사 일대를 개발해 4,000가구를 공급하겠다는 계획 역시 백지화되면서 부지 자체를 변경하는 등 여건이 녹록하지만은 않은 실정이다.

우려는 있으나, 주택공급을 확대하겠다는 정부의 정책 기조는 변함이 없어 보인다. 주택공급 확대 사이클은 향후 수년간 지속할 것으로 보이며, 이는 건설시장의 긍정적인 시그널로 작용할 것이다.

건설주에 영향을 주는 요소 - ② 정부정책

정부 SOC 예산안 추이

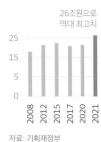

자료: 기획재정부

주택시장 정책방향이 규제에서 공급확대로 변화한 것 역시 정부정책의 일환이지만, 여기서는 사회간접자본(SOC)을 중심으로 토목부문에서의 정부정책을 살펴보기로 하자. 토목시장의 60% 이상은 정부가 발주하는 공사다. 토목시장의 비중이 과거에 비해 줄어들긴 하였으나, 여전히 건설투자에서 30%에 육박하는 비중을 보이고 있어 그 중요성은 여전하다.

정부의 SOC 예산은 2021년 26조 원으로 역대 최고치를 보이고 있다. SOC 예산은 2015년부터 지속해서 감소세를 보였으나, 2019년 이후 증가세로 전환했다.

이는 민간 건설경기와 무관치 않다. 전체 건설투자는 2017년 정점을 찍고 이후 감소세를 보였기 때문에 정부의 적극적인 재정역할이 필요했다. 또한 2020년 수정된 국가재정 운용계획에서 2024년까지 SOC 예산을 연평균 6% 수준으로 꾸준히 증액하기로 하면서 향후 토목중심의 정부 건설투자는 지속해서 증가할 것으로 예상된다.

국가재정 운용계획
재정운용의 효율성과 건전성을 제고하기 위하여 5개년도 단위로 재정운영 목표와 방향을 제시하는 재정 운용계획을 말한다.

한 번쯤은 뉴스나 신문에서 대형 프로젝트들이 추진되고 있다는 소식을 들었을 것이다. 한국판뉴딜이 대표적이다. 이 정책은 코로나19가 불러온 경제위기를 극복하고, 더 나아가 우리나라의 새로운 미래를 설계하기 위하여 추진되고 있다. 한국판뉴딜의 양대 축은 '디지털 뉴딜'과 '그린뉴딜'이다.

디지털 뉴딜은 우리나라의 전통적인 강점인 정보통신(ICT) 산업을 기반으로 인프라의 디지털 전환, 비대면 산업 육성, 국민안전 SOC 디지털화 등이 주요 과제다. 그린뉴딜은 탄소의존형 경제를 친환경 저탄소의 그린 경제로 전환하는 전략으로 신재생에너지 확산기반 구축, 전기차·수소차 등 그린 모빌리티, 공공시설 제로 에너지화, 저탄소·녹색 산단 조성 등을 추진할 계획이다.

국가균형발전 프로젝트 역시 대형 프로젝트 중 하나이다. 지역의 산업경쟁력 제고와 지역주민 생활환경을 개선하기 위한 사업과 지역과 지역을 연결하는 교통·물류 국가 기간망 사업이 중점적으로 추진되며 배정된 예산만 24조 원 규모다.

여기에 노후인프라에 대한 투자 대규모로 추진되고 있다. 1970년대부터 집중적으로 건설된 기반시설의 노후화가 급속히 진행 중이다. 30년 이상 노후화 인프라 비율이 도로, 철도, 지하시설물 등을 가리지 않고 높아지고 있어 선제적으로 대응하지 않으면 향후 관리 예산이 급증할 수 있기 때문이다. 그간 10조 원 내외로 집행되던 노후시설물에 대한 투자를 2025년까지 30% 이상 증액하여 연평균 13조 원을 투입할 예정이다. 노후시설물 관리 주체들이 이르면 올해 말부터 성능개선 충당금 적립을 시작할 예정이어서 향후 투자 금액은 더욱 늘어날 전망이다.

정부의 재정 지출 확대가 금
리를 끌어올리고 이는 민간
의 소비나 투자를 몰아내는
결과로 이어질 수 있다는 이
론이다. '구축'은 '무언가를
쌓다(構築하다)'라는 의미가
아니라 '무언가를 쫓아내다
(驅逐하다)'라는 의미다.

건설부문의 정부투자 증가에 대해 투자과잉과 함께, 민간투자를 오히려 줄일 수 있다는 구축효과(crowding-out effect)에 대한 우려도 있다. 그러나 최근 정부가 추진하고 있는 다양한 정책들은 미래 대한민국의 더 나은 경쟁력을 위한 것이고, 궁극적으로 국민의 삶의 질 향상에 이바지할 수 있다는 측면에서 바람직한 것으로 판단된다. 물론 이러한 정부의 건설투자 증가는 건설업 전반에 활력을 불어넣어 건설업종의 주가에도 도움을 줄 것으로 예상된다.

정부 주도 주요 프로젝트

건설주에 영향을 주는 요소 - ③ 해외건설

해외건설부문 역시 건설업종 주가에 중요한 요인 중에 하나다. 최근 국내 건설경기가 나쁘지 않았음에도 불구하고 건설업종 주가가 부진했던 이유가 바로 해외부문에서의 부진 탓이었다. 2010년 716억 불 수주로 정점을 찍은 해외건설수주는 2014년까지 600억 불 이상을 기록하면서 전성기를 보냈다. 하지만 2016년 이후에는 연평균 300억 불 내외의 수주고(受注高)를 보이며, 이전에 비해서는 어려운 시기를 보내고 있다.

최근 해외건설시장에서의 부진은 여러 가지 요인이 복합적으로 작용한 결과다. 먼저 가격경쟁력을 기반으로 한 중국 건설업체의 약진이 두드러졌다. 중국 정부가 야심차게 추진하고 있는 '일대일로'(一帶一路)' 계획에 따라 아시아와 아프리카 시장을 싹쓸이하고 있다. 우리 기업입장에서는 기술과 품질로 이를 이겨내야 하는데, 가격에서는 중국과 인도에 막히고, 기술에서는 유럽과 미국 등에 비해 열위에 있는 실정이다.

다음으로 우리나라 건설기업의 해외건설 수주 전략이 유가에 의존하는 중동과 산업설비 중심에 있기 때문이다. 우리나라의 해외건설수주 최전성기 시절(2008년~2014년)은 고유가가 지속하던 시기와 일치한다. 유가가 오르면 해외건설이 활성화되고 유가가 내리면 해외건설역시 부진으로 빠지게 되는 구조다. 2000년부터 2020년까지 해외건설수주와 국제유가간 상관관계는 0.84로 매우 높다.

**일대일로(一帶一路,
One belt, One road)**
중국 주도의 '신(新)실크로드 전략 구상'이다. 35년간 (2014~2049) 고대 동서양의 교통로인 현대판 실크로드를 다시 구축해, 중국과 주변국의 경제·무역 합작 확대의 길을 연다는 대규모 프로젝트다.

해외건설수주와 국제유가의 상관관계

단위: 억불   단위: $/bbl

수주액 ---- WTI유가

자료: 국토교통부

마지막으로 건설기업들의 소극적인 해외진출 전략도 무시하지 못한다. 2010년 전후 수주했던 해외건설부문에서 막대한 손실을 기록하면서 해외건설에 대한 두려움도 없지 않은 듯하다. 또한 국내 건설경기의 상승국면이 지속하면서 상대적으로 리스크가 큰 해외시장 진출에 대해 우선순위를 미룬 측면도 있다. 이외에도 최근에는 시공자 금융 및 투자개발 형태의 사업이 증가하고 있는데, 우리나라 건설기업의 금융주선 능력 역시 상대적으로 부족한 수준이다.

다행스러운 것은 코로나19로 인해 급락했던 국제유가가 회복세를 보이고 있다는 것이다. 중요한 것은 지금까지는 감산을 통해 국제유가 가격을 지탱했다면, 이제는 원유의 수요회복이 뒷받침되어야 한다는 점이다. 다행히 백신보급이 확대되면서 세계 경제의 회복세가 가시화되고 있다. 이는 국제유기 상승세를 지속가능하게 하는 요인이 되며, 이는 중동을 중심으로 건설수요의 증가로 이어질 수 있다. 국제유가 상승세가 지속한다면 국내 건설기업의 해외수주는 점진적으로 개선될 가능성이 크다.

투자는 늘 쉽지 않은 일

투자는 늘 어렵고 새로운 일이며, 주식투자는 더욱 그렇다. 투자가 쉬운 일이라면 지금보다 훨씬 많은 성공스토리가 넘쳐났을 것이다. 실패한 투자로 인해 낙담하며 침묵하고 있는 이들이 성공한 사람들에 비해 많다는 것은 모두가 아는 사실이다.

코로나19 사태를 누가 예상했겠는가? 투자에는 늘 새로운 악재와 호재가 예상하지 못한 순간 터져 나온다. 이로 인해 변동성은 극심하고 하루에도 몇 번씩 천당과 지옥을 왔다 갔다 하는 수도 있다. 어쩌면 좋은 주식을 장기투자하는 것이 가장 합리적일 수 있다. 그러나 좋은 주식이 무엇인지 선택하는 것 역시 매우 어려운 일이다. 어떤 때에는 종목이 아닌 지수나 섹터에 투자하는 ETF가 좋은 수단일 수도 있을 것이다.

건설업종에 대한 소개와 건설주에 영향을 미치는 요소들을 정리했다. 최근 건설업을 둘러싼 환경들은 우호적인 편이다. 주택공급이 지속해서 증가할 것으로 보이고, 정부의 토목투자 역시 적극적으로 이루어지고 있다. 침체하였던 해외건설시장은 여전히 경쟁이 치열하여 불확실하지만, 국제유가 상승으로 인해 개선될 가능성이 커졌다. 주식에서는 확신이라는 것만큼 위험한 것이 없다. 그러나 조심스럽게 건설업종의 개선세를 점쳐볼 수 있는 대목이다.

투자 광풍의 시대에 살고 있다 보니, 아무것도 하지 않으면 뒤처진다는 느낌을 지울 수 없다. 유튜브와 주식 관련 TV에서는 수많은 전문가의 종목 추천이 넘쳐난다. 그러나 항상 "투자의 책임은 온전히 본인에게 있다"라는 것은 변함없는 사실이다.

짐 로저스에 말처럼 "아는 것에 투자하라"가 최선일 수도 있다. 투자는 요행을 바라서는 안 되니, 관심을 가지고 공부하는 것이 투자에서의 성공 확률을 높이는 좋은 방법일 것이다.

통일, 건설업 제2의 전성시대 열릴까?

'30-50클럽'이라는 것을 들어본 적이 있는가? 얼핏 생각해보면 '30대에서 50대?'를 떠올릴 수 있겠으나, 이는 인구가 5천만 명 이상이면서 국민소득이 3만 달러 이상인 나라들을 의미한다. UN이나 세계은행에서 공인된 용어는 아니지만, '30-50'은 선진국에 들어섰다는 의미로 해석되는 경우가 많다. 우리나라는 지난 2018년 국민소득이 3만 달러를 넘어서며 일본, 독일, 미국, 영국, 프랑스, 이탈리아에 이어 7번째로 이 문턱을 넘어섰다.

이 소식을 접했을 때 전율까지는 아니었으나, 왠지 모를 뿌듯함이 있었다. 그러나 한편으로는 '여기까지가 끝인가 보오'라는 노랫말도 뇌리를 스쳐 갔다. 우리나라는 반도국가이지만 남북이 분단되어 사실상 섬나라에 가깝고, 내수시장이 작은 것은 물론이고 자원빈국이다. 우리나라는 우수한 인적자원을 기반으로 경쟁력 있는 산업을 육성하여 여기까지 왔다. 물론 건설업 역시 이 과정에서 큰 역할을 했다. 그러나 한 단계 더 도약하기 위해서는 새로운 '긍정적 쇼크'가 필요하다.

우리나라의 '긍정적 쇼크'로는 통일이 가장 좋은 방법이다. 단기적으로는 통일비용에 있어 경기침체에 대한 우려도 있으나, 장기적으로 이만한 효과도 없다. 통일이 되면 섬나라에서 대륙국가로 변모하게 되며, 협소한 내수시장이 커질 수 있다. 또 북한의 자원을 활용하여 새로운 산업이 육성될 것이며, 노동력 역시 증가하여 제조업 기반으로 재도약도 가능하다. 이 뿐만 아니라 국방예산이 절감되어 국민의 삶의 질 역시 개선될 수 있다.

통일은 건설업에 있어 이보다 더 좋을 수 없는 호재다. 도로, 철도, 항만, 공항 등 북한 지역의 대규모 인프라가 확충될 것이고 도시개발, 주택건설 등 수많은 프로젝트들이 쏟아져 나올 것이다.

현대경제연구원은 통일 이후 북한지역의 건설업은 15년간 연평균 10% 이상 성장할 수 있을 것으로 예상하고 있다. 북한지역에서 건설업의 성장은 전체 경제성장에 기여할 뿐만 아니라, 광공업 등 타 산업의 발전으로도 이어질 수 있어 긍정적이다.

실제로 독일 통일 이후 구동독 지역의 건설 활동은 크게 증가했었다. 통일 직후인 1992년 건축허가 건수는 384% 증가하였고 1993년에도 200% 이상 지속적으로 늘어났다. 또한 구동독의 경우 통일 이전 제조업 종사자의 비중이 높았으나, 통일 이후에는 건설업 종사자 비중이 더 높게 나타나기도 했다. 구동독에 비해 현재 북한의 상황이 더욱 낙후되어 있다는 측면에서 건설개발 수요는 더욱 클 것으로 보인다.

누가 뭐래도 통일에 가장 큰 수혜를 보는 산업은 건설업임이 틀림없다. 통일은 건설업에 새로운 전성시대를 여는 기념비적 사건이 될 것이 분명하다. 통일 한국에서 건설업의 재도약을 꿈꾸는 것은 비단 건설경제 분야에 종사하고 있는 나에게만 국한된 바람은 아닐 것이다.

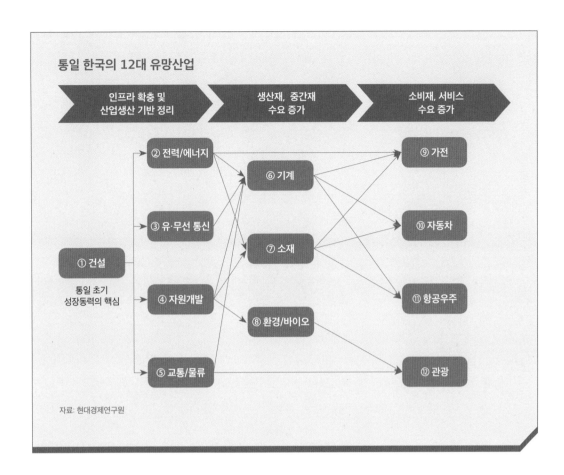

통일 한국의 12대 유망산업

| 인프라 확충 및 산업생산 기반 정리 | 생산재, 중간재 수요 증가 | 소비재, 서비스 수요 증가 |

① 건설
통일 초기
성장동력의 핵심

② 전력/에너지
③ 유·무선 통신
④ 자원개발
⑤ 교통/물류

⑥ 기계
⑦ 소재
⑧ 환경/바이오

⑨ 가전
⑩ 자동차
⑪ 항공우주
⑫ 관광

자료: 현대경제연구원

PART 3.

떼려야
뗄 수 없는
건설과 주택시장

주택, 예나 지금이나
모두의 관심사

주택은 모두의 관심사
우리에게 주택은 어떤 의미일까?
주택문제의 시작, 빠른 경제성장과 급격한 인구이동
도시의 주택문제, 대량공급으로 이어지다
계속되는 신도시 개발

[코너]
청약제도와 선분양

10장 | 주택, 예나 지금이나 모두의 관심사

주택은 모두의 관심사

사는 곳에 대한 문제는 문명이 발생하면서부터 생겨났으며, 이는 인간의 생존과 직결된 문제였다. 매일 뉴스와 신문에서 주택과 관련된 수많은 소식을 접하다 보니 현대인들이 겪는 문제로 생각할 수 있으나, 어찌 보면 과거에는 주택문제가 더욱 심했다. 과거에는 수많은 전쟁이 있었다. 전쟁의 주된 이유는 토지의 확보였다. 토지는 식량과 더불어 주거를 제공해주기 때문이다. 예나 지금이나 편히 쉬고 잠잘 수 있는 곳, 가족과 함께 하루를 보낼 수 있는 공간은 늘 소중했다.

주택문제, 더 자세하게 얘기하면 주택 부족 문제 역시 늘 존재했다. 왕권 시대에는 더욱 그랬다. 일부 양반이 아니면 주택을 소유하기가 쉽지 않았다. 조선시대에는 한양으로 인구이동이 많아지면서 세종 때부터 주거지 부족에 시달렸다고 한다. 이에 동대문 외곽에 지금과 같은 신도시 건설 정책까지 나왔다는 기록이 있다. 조선 후기 실학자이자 비운의 천재로 꼽히는 박제가는 그의 저서 '정유각집'에 이와 관련한 시를 남겼다. 정조의 총애를 받은 신하도 한양에 집 한 채 없었던 것이다. 그에 비하면 주택보급률 100%가 넘는 시대에 살고 있는 우리는 행복한 것인지도 모른다.

박제가의 시

그대 보지 못했나
한양성 안의 저자가 저렇듯 번화해도
늘어선 많은 집에 내 집 하나 없는 것을

또 보지 못했는가.
으뜸가는 기름진 땅이 사방에 널렸어도
혜풍이 소유한 밭 한 뙈기 없는 것을

지체 높은 사람들 천백 사람 가운데
아무리 꼽아봐도 먼 친척 하나 없네

우리들 뜻 잃고 낙척함이 이 같으나
명성 있는 사람에도 주눅들지 않으리라

이후 생략...

예나 지금이나 주택문제는 우리의 최대 관심사다. 어제도 오늘도 그리고 미래에도 늘 이슈가 될 우리의 삶의 터전인 주택을 이야기해 보자.

우리에게 주택은 어떤 의미일까?

우리는 공간을 떠나 일상생활을 할 수 없다. 공간은 인간이 하는 모든 행동이 이루어지는 장소다. 공간은 사람이 직접 손과 기술을 이용하여 만들어내는 인조구조물이기도 하다. 인간이 생활하는 공간이 되기 위해서는 건축 등의 과정을 거쳐야 하므로 당연히 건설과도 밀접한 연관성을 가진다. 그 공간 중 '주(住)'는 특히 가족을 형성하면서 생활을 영위하는 인간에게 없어서는 안 될 필수재라고 할 수 있다. 우리는 '주'라는 공간에서 가족과 함께 따뜻한 시간을 보낼 뿐 아니라, '주'는 다양한 생활 편익을 만들어낸다.

주택은 경제적으로도 큰 의미를 가진다. 주택은 가격 문제에서부터 안락함을 주는 공간으로서의 의미까지 매우 다양한 얼굴로 우리에게 다가온다. 주택문제는 심각한 사회적 이슈로 부각되기도 하고, 수많은 개인적 상황이 주택과 관련한 여러 문제에 얽혀 있기도 하다. 우리는 언제나 주택에서 생활하고 주택과 관련한 문제로 여러 고민을 안고 살아가지만, 정작 주택의 본질에 대해서는 잘 알고 있지는 않다. 개발과 관련한 주택 이슈나 주택가격 문제에는 큰 관심이 있지만, 생활공간으로서의 주택이나 경제적 의미의 주택에는 별다른 관심이 없다.

우리 생활에서 주택이 차지하는 비중은 매우 크다. 간단하게 생각해도 우리가 살아가면서 소비하는 가장 값비싼 재화가 주택이다. 여기서 끝이 아니다. 주거를 위해서는 소득의 많은 부분을 소비해야 한다. 통계청에서는 매월 소비자물가지수를 발표하는데, 이 중에서 주택, 수도, 전기 및 연료 등 주택과 관련된 주거비용 비중이 16.6%로 가장 크다. 의식주 중에서도 주거가 우리에게 매우 중요한 요소라는 것을 의미한다.

주택건설투자는 내수시장에서 중요한 역할을 담당한다. 지출 측면에서 경제성장률을 유지해주는 요소이기도 하다. 주택산업은 내수시장이 주 무대다. 생산과정에서 만들어지는 부가가치 역시 내수시장에 축적된다. 수출 중심의 경제구조로 되어 있는 우리나라는 대외여건 악화로 경제가 어려워질 수 있는 상황을 많이 겪어왔다. 내수시장이 커지거나 탄탄하다면 대외여건에 따라 출렁이는 경제 상황도 나아질 수 있다. 미시경제나 거시경제 관점에서 주택은 우리에게 쉴 공간을 줄 뿐 아니라, 산업 측면에서 일자리와 적절한 투자 그리고 내수시장을 강하게 하는 중요한 역할을 하고 있다.

소비자물가지수: 각 가정이 생활을 위해 구입하는 상품과 서비스의 가격변동을 알아보기 위해 작성하는 통계로 대표적인 물가지수

소비자물가지수 구성: 가계 소비지출에서 차지하는 비중이 0.01%(약 300원) 이상인 품목으로 구성되며, 사회변화를 반영해 5년마다 품목을 변경한다. 현재 품목은 약 460개이며, 소비금액에 따라 가중치를 적용하여 계산한다.

GDP 대비 주택건설투자

6.3% 7.1% 10.4% 5.0% 6.1% 4.6% 5.0% 5.0%

1970 1975 1990 2000 2005 2015 2019 2020

자료: 한국은행

GDP 대비 주택건설투자는 1990년대 주택 200만호 건설 당시 10%를 넘어서며 정점을 찍었다. 이후 지속적으로 감소했으나, 최근 들어 다시 증가하는 추세에 있다. 경제여건과 인구 추이와 같은 사회적 변화 때문에 주택투자의 변동은 계속되겠지만, 그 중요성이 현격히 줄어들 가능성은 거의 없다.

주택문제의 시작, 빠른 경제성장과 급격한 인구이동

우리는 국토가 '좁다'라는 표현을 많이 한다. 사실 유럽의 국가와 비교하면 국토가 그렇게 작은 것은 아니지만, 많은 사람이 우리나라 국토가 좁다고 인식하고 있다.

수도권 인구비중

1970년: 28.7%
1980년: 35.5%
1990년: 42.8%
2000년: 46.3%
2010년: 49.1%
2020년: 50.1%

국토가 좁다고 느끼는 데는 여러 이유가 있겠지만, 우선 가용면적이 전체 국토 면적 대비 작다는 데에서 그 원인을 찾을 수 있다. 우리나라 국토 면적의 70%는 산지다. 건설이나 개발 측면에서 산지 개발에는 큰 비용이 든다. 경제성이 떨어져 활용도가 높지 않다는 의미다. 좁은 국토를 가지고 있는 데다 가용할 수 있는 면적은 더 작아져, 체감상 국토가 좁게 느껴질 수 있다. 좁은 가용면적이라는 원인 외에도 우리나라 인구의 절반이 넘는 사람들이 수도권에 모여 살고 있어, 비좁게 살고 있다는 느낌이 들게 된다.

그렇다면 왜 이렇게 우리는 빽빽하게 모여서 살게 되었을까? 집단생활을 선택했던 조상들의 경험과 DNA 영향도 있지만, 도시라는 공간이 가지는 특성을 보면 쉽게 이해할 수 있다. 우리는 '한강의 기적'으로 회자되는 경제성장이 진행되면서 도시화가 급속하게 이루어졌다. 우리나라 경제성장의 본격적인 시점을 1960년대 경제개발 5개년 계획을 그 태동으로 보는 것에는 이견이 없다. 그리고 지역 균형개발의 시작을 새마을 운동으로 대변되는 1970년대로 보는 것이 일반적이다. 국가 주도의 경제성장에는 선택과 집중이 필요했다. 태생적으로 자원이 빈약했던 여건에서는 노동집약적인 산업을 중심으로 경제개발이 진행되어야만 했다. 한국수출산업공단(구로공단)과 값싼 노동력을 통해 비약적인 수출 증가를 이뤄냈는데, 그 이면에는 값싸고 풍부한 노동력의 서울 등 도시지역으로의 인구이동이 있어야 가능한 일이었다.

경제성장과 더불어 많은 일자리가 도시지역에서 만들어졌고, 사람들은 일자리를 찾아 도시로 이동하기 시작했다. 짧은 기간에 많은 인력이 폭발적으로 늘어나 주거공간은 부족할 수밖에 없었다. 저임금 일자리로 생활해야 하는 형편 때문에 많은 노동자가 열악한 주거공간인 '쪽방'에서 생활해야 했는데 이는 기본적인 주거공간에 불과했다. 일자리를 찾아 도시로 유입된 청년층은 시간이 지나면서 결혼하고 아이를 낳게 되었고, 의식주와 필요서비스를 해결하는 공간의 수요도 크게 늘어났다. 결과적으로 도시는 더 커지게 되었고, 도시화도 급격하게 진행되었다. 우리나라 도시화율 그래프를 보면, 2010년까지 도시로의 인구집중이 꾸준히 일어났다. 현재 도시화율은 80%를 넘고 있다. 전체인구 10명 중 8명이 도시에 살고 있다는 의미다. 2010년 전후 경제성장률은 둔화하기 시작했으며, 이후 도시화율의 증가속도도 줄었다. 경제성장은 더 많은 인구의 집중이 필요하고, 일자리 기회는 더 많은 사람을 도시로 유인했다는 사실을 관찰할 수 있다.

인구이동과 실업

인구이동과 실업의 연관성에 대한 흥미로운 연구결과가 있다. '지역노동시장-공간적 미스매치'(남기찬, 국토연구원, 2020) 보고서에 따르면 수요 부족에 의한 실업은 47.5%, 공간적 미스매치에 의한 실업은 8.8%에 달한다고 한다. 즉, 도시화가 이뤄진 곳에서는 구직난이, 그 외 지역에서는 구인난이 심화되고 있다. 이는 도시화 과정에서 필요한 양보다 많은 인구가 이주해 실업이 발생할 수 있다는 의미다. 경제성장이 성숙단계(저성장)에 접어들어 추가 일자리 창출력이 감퇴하고 있는 현 상황을 잘 설명해주고 있다.

도시화율

도시화율은 도시에 사는 인구비율을 의미하며, 발표기관에 따라 크게 차이가 난다. 이는 도시지역의 기준을 다르게 보기 때문인데, 여기서는 통계청의 기준을 따른다. 참고로 통계청은 행정구역상 '동'에 거주하는 사람을 도시인구로 정의한다.

우리나라 도시화율 추이

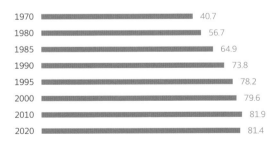

연도	도시화율
1970	40.7
1980	56.7
1985	64.9
1990	73.8
1995	78.2
2000	79.6
2010	81.9
2020	81.4

자료: 통계청

이 과정에서 주택 부족과 집값 상승은 필연적이었다. 경제성장은 많은 노동력을 도시로 집중되도록 만들었고, 그 과정에서 자연스레 소득은 증가하기 시작했다. 소득이 높아지니 구매력은 향상됐고 주택수요는 증가할 수밖에 없었다. 결과적으로 주택가격 상승 문제는 사회 문제로 이어지게 되었고, 정부도 적절한 대응을 해야 하는 상황이 계속되었다.

도시의 주택문제, 대량공급으로 이어지다

지금까지의 주택문제는 가격 상승으로 나타났으며, 특히 서울을 포함한 수도권은 인구가 집중되어 있어 가격 상승에 따른 여파가 더욱 컸다. 경제성장 과정에서 필수적으로 나타나는 도시화는 초과 주택수요를 부른다. 이런 가격 급등으로 불거지는 주택시장 문제를 해결하기 위해 가장 적절한 방법은 대량공급일 수밖에 없다. 소득의 증가도 수요 확대와 주택가격 상승으로 이어지기에 정부는 대량생산에 맞는 제도적 장치와 수단을 갖추는 것이 중요한 과제가 되었다.

특히, 1980년대 중반 이후 발생한 전세가격 급등은 심각한 사회 문제로 대두되었다. 주택공급 확대를 위한 특별 대책이 마련되었고 '주택 200만호 공급계획'으로 이어졌다. 서울로 집중되었던 인구를 인근 신도시로 분산시켜 가격상승 압박을 완화하는 효과를 기대할 수 있었다. 물론 주택수요가 충족되면서 시장심리도 안정되었다. 노태우 정부의 주택 '200만호' 건설공급계획은 서울 근교에 1기 신도시(분당, 일산, 평촌, 산본, 중동)를 통해 추진되었다. 1기 신도시 건설로 29만 2천여 호의 주택이 공급되었고, 약 117만 명이 거주하는 대규모 주거단지가 완성되었다. 결과적으로 1985년 당시 69.8%의 주택보급률이 1기 신도시 보급으로 인해 1991년 74.2%로 상승했다. 물론 1970년대 강남 개발이나 목동신시가지 개발 등 서울 내부에서의 개발은 지속적으로 이뤄졌으나, 워낙 주택보급률이 낮은 여건이었기에 주택공급 부족

전세가격 급등
1987년부터 1990년까지
전세가격은 연평균 19.8%
상승했다.

은 개선되지 않았다.

그렇다면 역사적으로 대량공급은 왜 아파트 일색으로 이뤄졌을까? 일단 동일한 대지면적 대비 공급할 수 있는 주택 수가 많다는 장점이 있다. 규모의 경제로 건설비용을 낮출 수 있으며, 대량공급을 통해 수요 충족을 서두를 수 있어 시장안정에도 기여할 수 있었다. 아파트 공급은 선분양제도와 주택청약제도를 통해 부족한 주택공급을 안정적으로 분배했으며, 서울과 수도권으로 몰려드는 인구 집중에 적절하게 대응할 수 있는 수단이었다.

아파트의 대량공급이 신속하게 이루어져 인구 집중과 인구증가에 따른 주거문제를 해결했지만, 우리나라는 '아파트 공화국'이라는 별칭까지 얻을 정도로 아파트에 집중했다. 아파트 특성상 많은 주택 수를 확보해야 하므로 판상형이 선택되었고, 미적 감각이나 주거편익보다는 공급 주택의 양적 측면을 강조한 점이 많았다. 공공이나 민간 모두 아파트 공급에 몰두했고 국민들도 청약저축 가입을 통해 아파트를 구입하는 데에 참여했다. 아파트를 구매한 대다수 사람은 주택가격 상승으로 큰 자본이득도 볼 수 있었다.

우리나라를 제외하면 아파트 중심의 주택공급 구조를 가진 사례를 찾아보기 쉽지 않다. 가까운 일본만 해도 우리나라의 아파트에 해당하는 맨션보다는 단독주택이 많은 비중을 차지하고 있으며 미국도 마찬가지다. 우리나라의 아파트 문화는 이유는 다양하겠지만, 짧은 시간에 이루어진 압축성장이 가장 큰 원인으로 판단된다. 서구 여러 나라는 역사적으로 인구 집중이 오랜 기간 서서히 이루어졌다. 산업혁명 등의 대량생산 시스템도 지역으로 분산된 노동시장과 생산구조를 형성해 극단적인 인구 집중으로 이어지지 않았다. 반면 우리나라의 경우에는 한국전쟁 이후, 다른 선진국에서 수백 년간 진행된 경제성장을 수십 년 만에 이뤄냈기에 도시화도 급격히 이루어질 수밖에 없었다. 급격한 성장과 빠른 도시화는 공간 효율성을 앞세운 아파트 건설과 공급으로 이어지는 구조를 낳았다.

규모의 경제(Economies of Scale)
투입 규모가 커질수록 장기 평균비용이 줄어드는 현상을 말한다.

아파트 공화국
아파트 공화국이라는 용어는 한국 사회를 연구하는 프랑스 지리학자 발레리 줄레조가 그의 저서 '아파트 공화국'에서 쓴 용어다. 프랑스에서는 실패한 주거모델인 '대단지 아파트'가 한국에서는 어떻게 형성, 유지되고 있는지 쉽게 설명하고 있다.

계속되는 신도시 개발

　최근 주택가격의 상승세가 가파르다. 저금리가 지속되면서 시중 유동성이 넘쳐나 적절한 투자처를 찾지 못하는 자금이 주택시장으로 몰린 것이다. 여기에 주택공급에 대한 불안감으로 야기된 시장 심리가 가격 상승으로 이어졌다는 것이 시장 전문가들의 일반적 분석이다. 특히 서울과 수도권에서의 가격 상승폭이 매우 커서 사회적 문제로 전이되고 있다.

연간 서울아파트 상승률

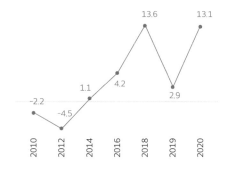

자료: 국민은행

3기 신도시
정부가 추진 중인 「수도권 주택공급 확대방안」의 일환으로 수도권 주택시장 및 서민 주거 안정을 위해 계획한 공공주택지구다.

　주택가격 상승에 따른 문제 해결을 위해 단골손님으로 제시되는 것이 신도시 개발이다. 그간 주택문제가 심각할 때마다 신도시 건설에 대한 검토가 이루어졌으며, 이는 주택시장을 안정화하는 데 일조했다. 결국, 현재의 주택가격 상승 문제를 해결하기 위해서도 3기 신도시의 공급이 이루어질 계획이다. 2021년 7월 1차를 시작으로 2022년 공급을 예정하고 있다. 사실 2기 신도시의 공급 이후 정부는 대규모 신도시 사업을 더는 추가하지 않겠다고 했다. 그러나 서울 등 수도권 주택가격의 급격한 상승과 신규 공급문제에 부딪혀 3기 신도시 공급계획을 잡고 이를 추진했다. 3기 신도시는 1차 지역인 인천 계양, 남양주 진접, 성남 복정, 의왕 청계, 위례 등 다섯 곳을 필두로 총 32곳에서 적게는 3천호

많게는 2.3만호까지 공급된다.

특징이 하나 있다면 위에서 거론한 서른 두 개의 지역 중 수도방위 사령부 부지를 제외한 모든 공급예정지역이 모두 서울 외곽의 인천, 경기권역이다. 왜 그럴까? 서울은 이제 공급할 수 있는 부지 자체가 많지 않기 때문이다. 공공에서 주도하는 개발을 하려면 도시개발을 할 수 있는 충분한 토지가 필요한데, 서울에는 그럴만한 토지가 없다. 모두 민간개발의 영역인 것이다. 그린벨트 해제를 통해 서울지역의 주택공급도 잠시 거론되었으나, 이는 과도한 혼잡 비용 발생과 녹지율 감소로 부작용이 더욱 크다고 판단되어 백지화되었다.

사실 신도시의 개발이 부정적이지는 않다. 주거 기능으로만 생각하면 누가 봐도 주거인프라가 부족한 서울에서의 빡빡한 삶보다는 체계화된 주변 신도시에서 쾌적하게 사는 것이 나을 수 있다. 교통인프라도 광역철도나 광역버스체계를 동시에 마련하여 서울로의 접근성이 뛰어나도록 설계하고 있다.

그러나 신도시는 필수적인 요소인 직주근접(職住近接)의 문제는 여전히 문제로 남아있고, 서울에 집중된 산업의 문제는 해결되지 못했다. 비단 이것은 직주근접의 시간을 줄일 수 있는 바탕인 교통인프라로 해결되는 문제는 아니다. 결국 신도시가 진정한 신도시로써 자생할 수 있으려면 베드타운(bed town)으로만 남으면 안 된다. 적정한 생산기능이 확보되어야 한다. 그러기 위해서는 계획적인 도시개발이 이루어져야 한다.

청약제도와 선분양

우리나라는 청약제도와 선분양을 통해 주택의 대량공급을 추진해 왔다.

청약제도는 분양주택에 대한 분양권을 확보하는 조건으로 정부가 정하는 저축에 가입하고 저축에 가입한 사람 혹은 가구만이 분양주택에 청약하여 주택을 구매하는 방식을 말한다. 분양 물량의 일부분은 일부 계층에게 공급되는 특별공급으로 배정된다. 초기에는 추첨 방식으로 청약자들의 일부를 무작위로 선별하여 공급되었으나, 청약저축에 가입한 후 오랫동안 추첨에 실패한 경우가 많아져 무주택으로 머물러 있는 사례가 늘었다. 그래서 청약가점제를 통해 점수로 분양 물량을 배정하는 방식을 적용하고 있다. 청약저축은 청약저축, 청약예금, 청약부금으로 출발했으며, 청약종합저축만이 신규 가입을 허용하고 있다. 예금으로 납입된 자금은 지금은 국민주택기금의 재원으로 활용된다. 이 기금은 주택건설, 개량 등 사업에 저리로 대출하는 금융지원 재원으로 활용된다.

선분양제도는 분양승인을 득한 아파트의 분양을 허용하여 공급자들의 자금 부담을 완화하는 취지에서 출발했다. 선분양이란 말 그대로 주택이 완성되지 않았는데 미리 해당 주택을 매각하는 것이다. 구매할 수 있는 사람은 청약저축 가입자 중 추첨 혹은 가점제를 통해 선별된 사람만 가능하게 하여, 공급과 수요를 제도적으로 매칭하는 역할을 수행한다. 선분양을 통해 공급된 아파트는 준공 후 분양받은 사람에게 소유권 이전을 통해 전달된다. 공급자 입장에서 선분양은 유리하다. 분양대금을 통해 건설자금 비용을 조달할 수 있기 때문이다. 그간 선분양제도는 건설업체들이 아파트사업을 효과적으로 할 수 있었던 원동력이었다. 수분양자 역시 선분양을 통해 그간 편익을 누려왔다. 우리나라의 경우 주택가격이 하락한 시기보다 상승한 시기가 많기에 선분양은 소비자에게 가격 상승과 시세 차익을 안겨준 경우가 많았기 때문이다. 그러나 선분양 역시 문제점이 있다. 무엇보다 선분양은 주택시장 변동의 위험을 소비자가 전적으로 부담하기 때문이다. 이외에도 부실시공, 입주지연 등의 위험이 있다. 선분양과 후분양은 무엇이 우월하다고 얘기하기 어렵다. 상호보완적으로 함께 이루어지는 것이 바람직하다.

청약제도와 선분양제도 구조

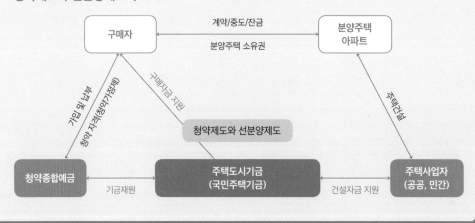

148

주택가격,
좀처럼 풀리지 않는 문제

11장 | 주택가격, 좀처럼 풀리지 않는 문제

주택가격, 사회 문제로 전이

경기는 지금 이 순간에도 지속적으로 변동하고 있다. 굳이 경제에 대한 기초지식이 없더라도 이는 누구나 아는 사실이다. 주택시장 역시 예외일 수가 없기에 오르는 시기가 있으면 내리는 시기도 반드시 찾아온다. 그러나 최근 5년간의 주택시장을 바라보고 있으면 경기변동이 무색할 만큼 상승세만 지속되고 있다.

오늘도 여지없이 주택가격 상승에 대한 뉴스를 접하는 국민은 두 가지 표정을 보일 것이다. 상반된 표정을 하는 그 두 주인공은 주택을 하나라도 보유한 사람들과 전세 또는 월세를 사는 임차인이다. 입장이 상반되어 있어 같은 뉴스도 다르게 느껴지고, 서로 다른 표정으로 자신에게 다가오는 주택가격의 의미를 되새길 것이다. 또한, 같은 주택 보유자라고 해도 강남에 거주하는 주택보유자와 지방에 있는 주택보유자의 분위기도 사뭇 다를 것이다. 이렇듯 주택가격이 쉬지 않고 오르면서 입장에 따라 희비가 엇갈리고 있다. 자본소득이 많이 증가하면서 누군가는 큰 부를 축적한 반면, 아무것도 하지 않았는데 집값이 오르면서 갑자기 상대적 박탈감으로 위축된 사람들 역시 많아졌다. 주택가격 상승으로 인해 우리 사회를 대변하는 부동산 신조어 역시 많아졌다. 불편했던 단어들을 이제는 익숙하게 사용하고 있지만, 사회적 양극화가 심화되고 있다는 점에서 드는 씁쓸한 기분은 어쩔 수 없는 듯하다.

집을 가진 사람이라고 해서 반드시 만족도가 높아진 것은 아니다. 정도의 차이는 있겠지만 다주택자도 1주택자도 불만이다. 내 자산의 가치만 높아진 것이 아니기에 지방에서는 수도권 진입이 어려워졌고, 수도권은 서울로의 진입이 요원해졌다. 높아진 세금의 부담, 대출규제, 거래규제도 또 다른 불만요인이다. 과거 지역갈등이 문제였다면 이제는 세대갈등, 계층갈등, 부의 갈등으로 전이되고 있다. 그 어느 때보다도 차가운 감정들이 서로를 향해 번져나가고 있다.

주택가격의 문제는 이제 단순히 개별시장의 문제를 넘어선 것으로 보인다. 그러나 주택시장 문제는 좀처럼 풀리지 않는 문제로 뾰족한 해법을 제시하기 쉽지 않다. 주택시장이 지나온 길을 살펴보고 중장기적으로 시장 안정화를 위한 방안을 고민해보자.

주택가격 변화 요인

주택이라는 상품은 다른 재화와 마찬가지로 시장에서 거래된다. 시장에서 거래되는 모든 것들은 가격이 있다. 사는 사람이 많으면 가격이 오르고 파는 사람이 많아지면 가격은 내려간다. 이런 일반적인 경제학 이론은 주택시장에도 적용된다. 다만, 주택시장은 일반 상품시장과는 차이가 있다. 주택이라는 재화는 공급이 이루어지기까지 일정한 시간이 소요되기 때문이다. 따라서 주택시장은 단기에서는 수요의 변화에 따라 가격이 변화하며, 중장기에서는 수요와 공급이 함께 가격에 영향을 미친다.

부동산 신조어

렌트푸어: 급등하는 전세금 또는 전세자금 대출로 인해 소득 대부분을 지출하느라 저축할 여유가 없는 사람들을 나타내는 말로 하우스푸어의 전세 버전

벼락거지: 자신의 소득에는 별다른 변화가 없으나, 부동산과 같은 자산가격이 급격히 오르면서 상대적으로 빈곤해져 버린 사람들

부동산블루: 연일 폭등하는 집값과 전셋값으로 좌절감에 빠진 무주택자가 겪는 우울감

주택시장 수요·공급

단기 주택시장 균형

장기 주택시장 균형

그렇다면 중장기적으로 가격이 변동하는 원인은 무엇일까? 우선, 인구이동과 인구성장에서 답을 찾을 수 있다. 소득 역시 중요한 요인이다. 소득이 증가하면 더 넓은 주택 혹은 주거여건이 좋은 지역으로 이동을 선택하기 때문이다. 교육, 직주근접 등 주거여건 역시 주택의 수요에 큰 영향을 미친다. 주택이 가지는 가치저장 수단이라는 특징을 고려한다면, 일정 지역의 주택가격이 오를 것이라는 미래 전망, 심리 역시 중요하다.

최근 주택가격은 천정부지로 올랐으며, 지금도 오르고 있다. 순수하게 수요와 공급의 원리로만 판단하자면 수요가 증가했거나, 공급이 감소했기 때문이다. 멸실주택이 있더라도 매년 공급되는 주택의 수가 많으므로 공급측면의 문제라기보다 수요측면의 증가가 요인일 가능성이 크다. 인구증가율의 속도는 크게 둔화되었으나, 가구 수는 1인가구를 중심으로 매년 증가세를 보인다. 경제성장에 따라 소득 역시 증가하고 있다. 그러나 이러한 요인만으로 주택가격 급등을 설명하기에는 한계가 있다.

최근 주택가격 상승은 저금리, 가격상승 심리, 정책에 대한 불신 등이 복합적으로 작용한 것으로 판단된다. 저금리 상황이 길어지면서 시중의 통화량이 지나치게 증가했고, 이는 주택시장 상승의 가장 큰 원인으로 작용했다. 주택구입을 위해서는 자금조달이 필요한데, 자금조달 비용이 낮아지다 보니 주택에 대한 수요는 커질 수밖에 없다. 미래 주택가격이 지속적으로 상승할 것이라는 기대심리 역시 큰 영향을 미쳤다. 2014년부터 지속적으로 주택가격이 오르다 보니 상승에 대한 기대심리가 확산되었다. 이러한 심리는 지금이 마지막 기회이며, 놓쳐서는 안 된다는 절박감으로 이어져 가격 상승폭은 더욱 커지고 있는 실정이다. 정책에 대한 불신도 시장불안을 키웠다. 수십 차례에 걸친 주택정책에 시장은 내성이 생겼고, 상황에 따라 주택 관련 규제를 도입했다 푸는 일을 반복함으로써 시장을 혼란스럽게 만들었다. 그 결과 대중 사이에서 '부동산 불패' 심리는 더욱 확고하게 자리 잡게 되었다.

주택가격, 어떻게 변화해왔나?

주택가격 상승은 사실 어제오늘의 문제는 아니다. 정권별로 살펴봐도 일부 기간을 제외하면 사실상 거의 오름세를 보였다. 경제성장 과정에서 인구가 도시로 집중되며 자연스럽게 주택가격은 올랐다. 사실 가격이 상승한다고 해서 가격 자체가 문제가 되는 것은 아니다. 하지만 주택을 마련하려면 가격이 저렴해야 부담이 덜할 텐데, 그렇지 못한 상황은 늘 불편하고 신경이 쓰이기 마련이다.

주택가격은 거시적 경제 상황과 정책 등이 상호작용하여 나타난 결과다. 경제성장률이 높은 기간 상대적으로 주택가격도 크게 상승할 가능성이 크다. 다만, 여기서는 직관적으로 구분하기 위해 정권별 주택가격 상승률을 살펴보고자 한다. 최근 주택가격 상승률이 가파르기 때문에 문재인 정부의 주택가격 상승률이 최고라고 생각할 수도 있겠으나, 사실 주택가격은 반복적으로 만만치 않게 올라왔다. 노태우 정부(1988-1992) 시절 서울의 아파트 가격은 68.1% 올랐으며, 전국은 오히려 68.7% 올라 상승률이 더욱 높았다. 당시 주택가격의 폭등은 주택 200만호 건설로 이어졌고, 이러한 효과는 다음 정부에서 나타났다. 김영삼 정부(1993-1997)에서는 서울의 아파트 가격이 4.3% 올랐으며, 전국적으로도 5.3% 상승에 불과했다. 즉, 5년간 연평균 1%에도 미치지 못한 상승률을 기록한 것이다. 이전 정부에서 대규모의 주택공급이

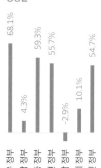

정권별 서울아파트 매매가격
상승률

68.1%
4.3%
59.3%
55.7%
-2.9%
10.1%
54.7%

노태우 정부
김영삼 정부
김대중 정부
노무현 정부
이명박 정부
박근혜 정부
문재인 정부

자료: 국민은행

이루어졌으며, 대한민국 역사상 최고의 경제위기인 IMF 사태도 있었기 때문이다.

움츠러들었던 주택시장은 김대중 정부(1998-2002) 시절에 크게 상승했다. 서울지역의 경우 59.3%가 올랐는데, IMF 위기를 극복하기 위해 주택시장의 각종 규제가 사라졌고 경제성장률도 크게 개선되었기에 어찌 보면 주택시장 상승은 당연한 것으로 여겨졌다. 주택가격 상승세는 노무현 정부(2003-2007)에서도 이어졌다. 주택가격 상승에 대응하여 종합부동산세를 신설하는 등 적극적인 규제정책을 펼쳤음에도 불구하고 이 시기 서울지역의 아파트 가격은 55.7%, 전국적으로도 31.8%가 올랐다. 이명박 정부(2008-2012) 시절에는 비교적 주택가격이 안정세를 보였다. 서울지역은 이 시기 오히려 2.9%가 하락했으며, 전국적으로는 16%가 올랐다. 10년 가까운 기간의 가격 상승에 대한 피로감과 더불어 서브프라임 모기지 사태에 의한 금융위기 역시 시장 위축의 주요 요인으로 작용하였다. 박근혜 정부(2013-2016)에서는 주택가격이 소폭 오름세를 보였다. 서울지역 아파트 가격은 10.1%, 전국적으로 9.8%의 상승세를 보였다. 이전 2개 정권에서 비교적 안정세를 보였던 주택가격은 문재인 정부(2017-현재)가 들어서며, 다시금 크게 상승했다. 2017년 4월부터 2021년 8월까지 서울지역 아파트 가격은 54.7%가 올랐다. 전국적으로도 29.8%가 상승했다. 아직 임기가 남아있고, 현재까지 가격 상승세가 지속되고 있어 문재인 정부에서의 주택가격 상승률은 더욱 커질 가능성이 있다.

매매와 전세가격, 사용가치와 교환가치

우리나라는 전세제도라는 독특한 주택거래 방식이 존재한다. 우스갯소리로 전세가 영어로 뭐냐고 물으면 'Jeonse'라고 답하게 된다. 해외에서도 전세라는 독특한 제도를 '일시불로 거액의 보증금을 내고 장기간 집을 빌리는 것'이라고 설명하면서 이를 'Korea's unique long-

전세제도
전세제도는 우리나라의 독특한 주택거래 방식으로 알려졌지만, 사실 외국에도 존재하는 방식이다. 프랑스, 스페인에도 있고 볼리비아와 인도에도 있는 것으로 조사된다. 다만, 주거에 있어 일반적인 계약형태로 나타나는 나라는 우리나라와 볼리비아이며, 볼리비아조차 전체 거래방식 중 전세방식이 3% 내외로 높지 않다. 우리나라는 전세계약 방식이 전체 거래에 15%가 넘고 있어 마치 우리나라만의 독특한 거래방식으로 인식되는 경우가 많다.

term deposit rental system'으로 표현한다.

마르크스 주장에 따르면 모든 상품은 두 개의 가치를 가진다고 한다. 그것은 사용가치와 교환가치다. 사용가치란 인간의 욕구를 충족시키는 효용성이라 할 수 있고, 교환가치는 상품을 맞바꿀 때의 가치를 의미한다. 주택시장에서 매매가격은 교환가치이고 전세가격은 사용가치로 볼 수 있다. 주택을 독점적으로 사용할 수 있는 권리는 매매를 통해 소유권을 확보하거나 전세거래를 통해 일정기간 동안 빌리는 두 방법이 있다. 그런데 매매거래는 소유권을 가지고 있어 시세 변화로 인한 자본이득을 얻고, 소유에 따른 조세 부담도 지게 된다.

변동 폭은 다르지만, 매매와 전세는 다른 가격인데도 변동 방향성은 거의 일치한다. 매매가격이 상승하면 상대적으로 전세가격이 저렴하게 되어 매매수요보다 전세수요가 많아지게 된다. 결국 전세수요가 증가하니 전세가격은 상승하게 된다. 반대로 전세가격이 상승하면 매매가격이 저렴하게 인식되어 구매수요가 증가하게 되는데, 이는 매매가격 상승으로 이어진다. 이렇게 일정한 시차를 두고 전세가격과 매매가격은 같은 방향성을 가진다고 볼 수 있다. 그런데 이러한 주택시장의 특성이 주택가격 안정화를 어렵게 만드는 원인으로 작용한다. 매매가격을 억제하면 구매수요보다 전세수요가 증가하게 되어 전세가격이 상승하는 식으로 말이다. 그리고 일정 기간이 경과된 후 전세가격 상승은 다시 매매가격을 상승시키는 원인으로 작용한다. 정부의 조세 강화, 대출 억제 등의 수요 억제를 통한 매매수요 위축 수단이 단기간 매매가격 안정에 도움이 될 수 있겠지만, 이는 전세가격 상승으로 전이되어 임차가구의 주거 불안정을 심화시킬 수 있다.

장기 주택가격 변동을 보면 2009년 전후 전세가격 상승폭이 매매가격 상승폭을 넘어섰고, 이 과정에서 주택수요는 임차수요가 강세인 상황이 유지되었다. 이는 매매가격이 안정되어 나타난 현상으로, 매매가격 상승세가 안정되면 시세 차익에 의한 자본이득이 없어져 구태여 주택을 소유해야 할 필요성이 낮아지기 때문이다. 결과적으로 매매가

반전세
보증금과 월세를 동시에 부담하는 형태로 전세는 보증금만 지급하면 되나 반전세는 보증금과 월세를 모두 지급해야 한다. 전세보증금이 급격하게 상승하게 되어 부담이 커지므로 보증금을 올리는 대신, 올려야 하는 보증금만큼을 월세로 전환하여 임대인이 수취하는 형태다.

격 안정화는 전세가격 상승으로 이어졌고, 동시에 반전세라는 보증부 월세가 증가하기 시작했다.

전세는 내 집 마련의 전 단계로 부족한 자금을 적립하는 수단이 되지만, 전세가 반전세로 바뀐다는 것은 내 집 마련과는 멀어지는 결과로 이어진다. 반전세는 월세를 지급해야 하므로 주거비 부담 증가에 대한 체감은 커질 수밖에 없다.

문제는 하나의 주택에 세 가지 다른 가격이 존재한다는 점이다. 매매가격, 전세가격, 반전세 가격 등 최소한 3개의 가격이 시장에서 적용된다. 집을 소유한 가구주가 그 집에 거주하는 경우를 제외하고, 매매가격, 전세가격, 반전세 가격은 동일한 방향성을 가지고 변동하면서 서로 영향을 주게 된다. 이는 정부의 정책을 통해 시장 안정화를 더 어렵게 만드는 요인이다. 반전세 비중이 지속적으로 증가하고 있어 향후 임대시장 육성과 임차인들의 주거안정 등과 관련한 정책적 고민이 더 깊어질 것으로 예상한다.

반전세 형태인 보증부 월세가 증가하면서 주택의 점유형태 역시 그 구성이 변화하고 있다. 국토교통부가 실시하는 주거실태조사를 살펴보면 자가 비중은 2006년 55.6%에서 2019년 58.0%로 소폭 증가했다. 반면 전세 비중은 2006년 22.4%에서 감소하여 2019년 15.1%를 보였으며, 월세는 2006년 17.2%였으나 2019년 23.0%로 증가했다. 전세 가구가 자가와 월세로 분할되어 진입하는 경향을 보여주고 있는데, 이는 주택가격의 지속적 상승으로 주거비 부담이 많아진 데에서 기인한다. 소득 등 여건이 좋아져 자가로 이동하는 경우도 있으나, 반대로 월세로 이동하는 경우가 많다는 것은 그만큼 주택 보유 부담이 커진 것을 의미한다.

세 가지 다른 가격

매매가격, 전세가격, 그리고 반전세는 각기 수익률을 기준으로 가격이 결정된다. 물론 수요와 공급이 영향을 주지만 임대 운용하는 수익률이 보증금을 통해 얻는 이자와 반전세의 경우 보증금 이자와 월세를 포함한 숫자가 임대 수익률이 되므로 이 수익률과 금리 등을 비교하여 가격이 조정된다.

주택 점유형태별 구성 변화

자료: 국토교통부
주거실태조사 각 년도

주택은 소비재이자 투자재

주택은 일반 재화와 차별적인데, 가장 대표적인 것이 바로 주택은 소비의 대상이자 동시에 투자의 대상이 된다는 점이다. 주택이 단순히 소비의 대상이라면 가격이 비싸지면 수요는 줄어들게 된다. 즉, 경제학에서 얘기하는 수요의 법칙은 자연스레 성립된다. 그러나 우리는 주택가격이 오를수록 오히려 수요가 증가하고 매물을 내놓아야 하는 공급은 더욱 줄어드는 현상을 자주 접하게 된다. 이는 주택이 소비재이자 동시에 투자재이기 때문이다. 투자재는 현재의 가격도 중요하지만, 미래가격 상승에 대한 기대가 더욱 큰 영향을 미친다. 이러한 성격으로 인해 주택가격이 상승세를 보이면 수요가 더욱 늘어나는 현상이 나타나고 매물은 줄어든다. 여기에 투기적 수요까지 가세하게 된다. 이는 짧은 기간에 큰 폭의 주택가격 상승세를 나타나게 하는 요인이 된다.

주택이 투자수단으로 주목받는 이유는 그간 수익성과 안전성 측면에서 훌륭한 결과를 보였기 때문이다. 우리나라에서 주택을 구입해서 손해를 봤다는 사람을 찾기는 쉽지 않다. 경험적으로 안전자산으로 인식되는 저축에 비해 수익성이 높으며, 주식시장과 비교하면 안전성 역시 높다. 이러한 인식과 실제 사실은 주택에 대한 투자를 증가시키는 요인이 되며, 주택가격을 상승시키는 결과로 이어지고 있다.

주택시장의 안정이 최우선 과제라면 주택가격 급등은 단순히 공급만을 증가시켜서 해결될 문제는 아니다. 주택가격이 크게 상승하게 되면 투자재로서의 성격이 짙어지기 때문이다. 따라서 주택공급과 함께

> **주택은 소비재? 투자재?**
> 재화는 그 종류에 따라 소비자와 투자재로 구분할 수 있다. 주택구입이 거주가 주요 목적이라면 소비재의 성격이 강할 테고, 매매에 따른 차익이 목적이라면 투자재일 것이다. 주택은 소비재이자 투자재인데, 이는 주택시장의 상황에 따라 그 비중이 달라진다. 주택시장이 상승세에 있을 때는 투자수요가 많이 증가하기 때문에 투자재로 인식되는 경향이 강하고, 주택시장이 하락 또는 안정세를 보일 때는 투자수요가 크지 않아 소비재로서의 성격이 강하다.

투자재로서의 주택에 대한 적정한 규제가 함께 병행되어야 주택시장 안정은 가능하게 된다.

또한, 자산이라는 개념이 주택에 도입되면서 운용, 임대라는 행위로 연결되었다. 금융시장의 금리와 임대로 발생하는 수익성 등을 따졌을 때, 상대적으로 무엇이 더 이익이냐에 따라 자본이 움직이고, 이로 인해 구매수요가 변동하는 과정을 간과해서는 안 된다. 결과적으로 주택시장에 나타나는 가격이라는 결과를 단순하게 수급 문제로 한정하면 주택가격 안정화라는 목표를 달성하기는 어려울 수 있다. 이래저래 주택시장은 단순하지 않아 그 해결책 역시 쉽게 도출되지 않는다.

주택가격, 불평등을 심화하는 요인이 되다

역사적으로 모든 정권은 주택시장에 개입했다. 정책의 횟수와 강도의 차이는 있었지만, 이는 주택시장 상황에 따라 변화했다. 주거가 일반 국민에게 차지하는 비중과 가치가 크기에 시장위험을 방치하기 어렵기 때문이다. 주택가격이 상승하게 되면 수요를 억제하거나 공급을 증가시켜 왔으며, 반대로 주택가격이 하락세를 보일 때에는 수요 활성화 정책을 펼쳤다. 정부 시장개입의 옳고 그름을 떠나 국민 삶에 가장 중요한 부분을 차지하는 주택시장의 급등락은 바람직하지 않다.

최근 주택가격이 크게 상승하면서 버블논란과 함께 불평등의 심화 문제가 제기되고 있다. 일본의 장기 저성장을 이야기할 때마다 단골손님으로 등장하는 주택시장 버블문제는 차치하더라도, 주택문제에 따른 불평등 심화는 사회적 갈등을 유발할 수 있어 심각하다. 자본주의 사회에서 불평등은 당연한 것으로 받아들여진다. 다만, 지니계수로 표현되는 불평등의 정도는 최근 심화되고 있어 우려스럽다.

국토연구원에 따르면 자산 불평등은 총자산, 금융자산, 부동산자산 순으로 큰 것으로 나타났다. 불평등의 정도는 공통적으로 수도권이 비수도권에 비해 크다.

지니계수
빈부격차와 계층간 소득의 불균형 정도를 나타내는 수치로, 소득이 어느 정도 균등하게 분배되는지를 알려준다. 지니계수는 0부터 1까지의 수치로 표현되는데, 값이 '0'(완전평등)에 가까울수록 평등하고 '1'(완전불평등)에 근접할수록 불평등하다는 것을 나타낸다.

수도권·비수도권 별 자산 불평등도(2019년 기준)

지니계수 기여도	총자산	금융자산	부동산자산
전국	0.5836	0.6402	0.6655
수도권	0.5865	0.6470	0.6729
비수도권	0.5601	0.6147	0.6300

자료: 이형찬 외(2021), 부동산자산 불평등의 현주소와 정책과제, 국토연구원

또한, 주택을 자가와 차가로 구분하여 살펴보면 주택에 전세 또는 월세 등 차가로 거주하는 가구의 자산 불평등도는 자가로 거주하는 가구의 자산 불평등도보다 크게 나타났다. 자가 가구의 불평등도는 크게 심화되지 않았지만 차가 가구의 불평등도는 지속적으로 증가해왔으며, 그 수치 역시 큰 것을 확인할 수 있다. 이는 최근 주택가격 상승이 자가 가구보다 차가 가구에 더 큰 영향을 미쳤으며, 그에 따른 불평등도 역시 심화되었음을 의미한다.

주택거주 형태별 총자산 불평등도(2019년 기준)

지니계수 기여도	2014	2015	2016	2017	2018	2019
자가 가구	0.4879	0.4818	0.4744	0.4690	0.4740	0.4833
차가 가구	0.6751	0.6787	0.6911	0.6996	0.7075	0.7145

자료: 이형찬 외(2021), 부동산자산 불평등의 현주소와 정책과제, 국토연구원

글로벌 금융위기 이후 지니계수와 가계부채 그리고 주택가격은 같은 움직임을 보여주고 있다는 연구결과가 다수 발표되었다. 최근 우리나라 역시 주택가격과 함께 가계부채 증가 문제가 심각하게 대두되고 있다. 주택가격의 급격한 상승이나 상승세의 장기화는 사회적 불평등을 심화시키고 있다. 이러한 점에서 정부의 세심한 대책이 요구된다. 단순히 조세정책과 금융정책으로만 해결할 문제가 아니다. 주택시장의 안정을 위해서는 종합적이고 장기적인 접근이 필요하다. 주택시장의 문제가 경제 전체로 전이되어 위기로 확대된 글로벌 금융위기와 일본의 버블붕괴 사례를 잊어서는 안 될 것이다.

일본의 부동산 버블 경험

주택가격 상승의 위험성을 이야기할 때 우리는 항상 일본의 부동산 버블 붕괴를 떠올리게 된다. 특히, 우리나라 주택가격 상승률이 상당했던 2007년과 최근에 다시금 일본의 과거 경험이 새삼 주목받게 된다. 일본 부동산의 버블 전개 과정과 그 이후 시장변화를 간략하게 알아보자.

1970년대까지 일본의 부동산가격은 비교적 안정적이었다. 1970년대 일본의 물가상승률은 10%에 육박했는데, 지가상승률은 이보다 낮은 4% 수준에 불과했다. 그러나 1980년대 들어오면서 동경 등 대도시를 중심으로 부동산가격이 상승하기 시작했고 80년 후반에는 급등세를 보였다. 일본의 6대 도시(동경, 오사카, 나고야, 요코야마, 교토, 고베) 지가상승률은 1986년부터 1990년까지 평균 25%에 가까운 상승률을 기록했다. 5년간 상업지가격은 3배 이상 급등하였고, 주택가격 역시 2.5배 가까이 올랐다. 1990년 당시 도쿄를 팔면 미국을 살 수 있다는 농담이 유행할 정도로 일본의 부동산시장은 끝없이 올랐다. 이는 경제적 자신감도 한몫했다. 1988년 전 세계 시가총액 50위 기업 중 일본기업이 33개를 차지하고 있었다.

일본 버블기 전후 지가상승률

1984	1985	1986	1987	1988	1989	1990	1991	1992
6.0%	8.0%	17.9%	30.7%	23.1%	26.0%	24.9%	-2.0%	-17.4%

주: 6대도시 기준, 자료: 한국은행

일본의 주택가격 상승은 비이성적이었기에 일본 정부는 금리인상을 단행하면서 시장 안정화를 꾀했다. 그러나 금리인상에도 버티던 부동산시장은 대출총량규제로 무너지기 시작했다. 이는 신규 부동산 대출을 전면 금지하는 조치로 가장 강력한 대책이다. 결국, 일본의 부동산가격은 1991년부터 하락했으며, 2005년까지 단 한 차례의 반등도 없이 지속적으로 하락했다. 1990년에서 2005년까지 지가하락률은 평균 76.4%에 달했다. 부동산의 경우 자기자본 외에 대출을 동반한다는 측면에서 일본이 겪었을 고통은 단순 하락률에 비해 훨씬 클 수밖에 없었다. 결과적으로 일본의 부동산 버블의 붕괴는 내수위축→기업도산→금융기관 부실화→실업증가→경기침체의 악순환을 초래했고, 소위 잃어버린 20년의 결정적인 원인으로 작용했다.

일본의 지가하락률(1990-2005)

전체	상업지	주택지
-76.4%	-87.2%	-66.5%

주: 6대도시 기준, 자료: 한국은행

2020년 기준 우리나라와 일본의 소득수준을 고려하면 우리나라의 집값은 일본에 비해 더 비싼 수준이다. 그렇다고 해서 우리가 일본식 버블붕괴의 위험이 있는 것은 아니다. 주택시장 내부 구조와 금융여건이 안정적이기 때문이다. 그럼에도 불구하고 과거 일본의 실패를 거울삼을 필요는 있어 보인다.

주택공급은
시장을 안정시킬까?

12장 주택공급은 시장을 안정시킬까?

주택시장 문제, 해결이 어려운 이유

비금융자산(주택+부동산)의 비중

기타 1.6%
순금융자산 22.2%
주택 50.5%
주택 외 부동산 25.7%

자료: 한국은행

주택은 의식주의 하나이자, 개인이 소비하는 가장 값비싼 재화다. 특히, 우리나라 국민은 부동산에 대한 애착이 강한 편이다. 국내 가계의 자산에서 주택과 부동산 같은 비금융자산이 차지하는 비중은 70%를 훌쩍 넘어선다. 미국이 30% 내외, 일본 역시 40%에 불과하다는 점에서 우리나라 국민의 부동산 사랑을 간접적으로 확인할 수 있다. 또한, 집을 소유하지 않은 사람들도 전세금이나, 월세 보증금이 큰 부분을 차지하기에 집의 소유 여부와 관계없이 주택시장은 온 국민의 관심사다.

투자 측면에서도 주택은 주요한 수단이 된다. 기업과 고액자산가들의 경우 다양한 포트폴리오를 통해 주식, 채권, 상품, 원자재 등에 투자할 수 있지만, 일반인은 기껏해야 주식과 부동산이 현실적으로 접근 가능한 영역이다. 직접적인 이해관계가 달려있다 보니, 주택시장의 가격 변화와 정부 정책에 관한 관심은 자연스레 많아진다. 수없이 많이 쏟아지는 뉴스와 신문기사, 서점을 점령하고 있는 부동산 관련 책자, 유튜버들도 부동산에 대한 호기심을 증폭시킨다.

주택시장과 주택가격 변화를 초래하는 수요요인은 생각보다 복잡하다. 단순히 인구와 가구 수, 경제성장률과 소득변화, 통화량과 금리만으로 설명되지 않는다. 세계화에 따라 해외투자자의 부동산 수요도 존재한다. 내재해 있는 복잡한 심리도 있고, 정책이 가지고 올 예기치 못할 돌발변수도 도사리고 있다. 인간의 탐욕을 제어할 수 어렵기에 투기 역시 시장에 상당한 영향을 미친다.

공급요인 역시 여건이 만만치 않다. 서울과 수도권은 토지 자체가 부족하다. 이는 과거와 같은 국가 주도의 대규모 주택공급을 어렵게 한다. 그린벨트를 활용하는 방안도 도시팽창의 부작용이 만만치 않기에 진행이 쉽지 않다. 또한, 자산가격의 상승과 하락을 우려하는 이해관계자들의 정치적 영향력도 무시하지 못한다. 우스갯소리로 주택가격은 올라도 문제, 내려도 문제라고 한다. 오르면 무주택자들이 아우성치고, 내리면 유주택자가 난리다.

주택시장이 복잡하게 얽혀있다 보니, 예상도 쉽지 않다. 불과 몇 년 전까지 대다수 전문가는 주택시장 하락을 예상했으나, 최근에는 다시 상승을 이야기하고 있다. 이래저래 주택시장은 어렵고, 부담스러운 분야다.

공급, 주택시장 문제 해결?

얼마 전 KDI는 현재 주택시장의 가격수준과 향후 주택가격에 영향을 미치는 요인에 대해 부동산 전문가 패널단 100명을 대상으로 조사를 진행했다. 조사결과 현재 우리나라 주택가격 수준에 대해 무려 94.6%가 고평가되었다고 응답했다. 주택가격이 적정하다는 응답자는 4.1%였고, 1.4%만이 저평가되었다고 답했다. 실제로 서울의 주택가격은 부담스러울 정도로 비싼 수준이다. KB국민은행 리브부동산의 자료에 따르면 3분위 가구가 3분위 가격수준의 주택을 구입하기 위한 소득대비 집값 비율(PIR)은 18.5로 2008년 통계 집계 이후 최고치를 기록

PIR(Price Income Ratio)
PIR은 가구의 연평균 소득을 한 푼도 쓰지 않고 집을 사는 데 얼마의 시간이 걸리는지를 측정하는 지표이다. 예를 들어 연 소득이 5,000만원이고 집값이 5억 원이면 PIR은 10으로 나타난다.

했다. PIR 값의 상승은 소득증가 속도보다 자산가격이 빠르게 상승하는 것을 의미하는 것으로 주택가격 부담수준을 보여준다.

또한, 향후 주택가격에 영향을 미치는 요인에 대해서는 정부의 적극적인 주택공급이라고 응답한 비율이 36.5%로 가장 높게 나타났다. 공급대책에 대한 시장의 신뢰 역시 18.9%로 나타나, 사실상 주택공급 관련 사항이 55%를 차지하고 있다. 금리인상에 따른 자금조달 여건이 중요하다는 응답 역시 25.7%로 나타났다.

향후 주택가격에 영향을 미칠 요인

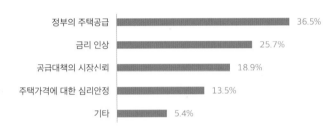

자료: KDI

연도별 1~7월 전국 아파트 증여현황

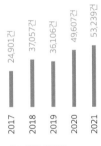

24,901건 2017
37,057건 2018
36,106건 2019
49,607건 2020
53,239건 2021

자료: 한국부동산원

결과적으로 많은 전문가는 최근 주택시장 불안의 원인을 공급 부족에서 찾고 있다. 다만, 최근 주택공급 물량 부족은 단순히 신규주택 공급 부족의 문제만은 아닌 것으로 보인다. 다주택자들의 물량이 시장에 나오지 않고 있고, 증여 전환이 크게 증가하고 있는 것도 공급물량 부족의 주요 원인 중 하나로 판단된다.

정부는 주택시장 안정을 위해 결국 공급확대가 중요하다는 인식 아래 수도권 중심의 공급 확대정책을 내놓았다. 2025년까지 서울 32만호, 경기·인천 29만호 등 전국적으로 83만호의 공급 로드맵을 제시했다. 이는 이전 3기 신도시 등 이미 발표 물량과 합치면 200만호 이상의 신규 공급을 추진하겠다는 것으로 과거 노태우 정부 시절 주택 200만호 공급계획에 준하는 수준의 대책이다.

이러한 공급대책에도 시장의 우려는 여전하다. 무엇보다 과거와 다른 공급환경으로 인해 공급 속도에 대한 불안감이 존재한다. 서울과 수도권은 양질의 토지확보가 쉽지 않고, 토지보상, 주민들과의 갈등이 발생하면 자연스레 공급계획은 지연될 가능성이 크기 때문이다.

주택의 대량공급이 시장문제 해결을 위한 가장 좋은 수단임은 틀림없다. 늦은 감이 없지는 않으나, 환영할 만한 대책으로 평가할 수 있다. 그러나 국민에게 제대로 공급되고 있다는 시그널을 보여주지 않는다면, 시장불안은 지속될 가능성이 크다.

과거 주택공급 확대의 경험

1989년에 발표한 정부의 "주택 200만호 건설 계획"은 당시 매우 획기적인 발상이자 도전이었다. 서울과의 교통여건이 양호한 수도권 지역에 대규모 신도시를 동시에 빠른 속도로 공급해야 가능했던 일이었기 때문이다. 분당, 일산, 평촌, 중동, 산본 등 1기 신도시의 대규모 주택공급은 실제로 주택가격이 10년 가까이 안정세를 보일 수 있는 요인으로 작용했다. 과거 이러한 경험이 있기에 이번에 발표한 정부의 공급계획도 치솟는 집값을 안정시킬 수 있을 것이라는 기대감을 갖게 한다.

주택공급 확대에 대한 과거 경험을 자세히 들여다보면 대량공급이 주택가격 안정에 기여했다는 주장은 설득력을 가진다. 뒤의 그림은 "연간 아파트매매가격 변동과 주택 인허가실적"을 비교한 것이다. 1990년 급격하게 상승했던 아파트 가격은 1기 신도시를 중심으로 주택 200만호 건설계획과 실질적인 공급확대로 1990년대 내내 안정된 모습을 보였다. 1990년 32.4%의 높은 상승세를 보였던 아파트매매가격 상승률은 동년 75만호에 달하는 공급으로 1991년 아파트 가격은 2.0% 하락했다. 이후 IMF 외환위기 시점까지 아파트매매가격 상승률은 0% 내외의 안정된 수준을 유지했다. 1998년 외환위기가 닥치면서 국내 경기는 바닥으로 급락했으며 이로 인해 주택공급도 연 30만호를 조금 넘는 수준으로 감소했다. 이후 건설경기 활성화 정책에 힘입어 경제는 바닥을 벗어나기 시작했으며, IMF 외환위기 이후 공급량 대비 수

주택 200만호 건설 계획
1988년 주택 200만호 건설 계획이 발표되고 실질적으로 89년부터 개발되기 시작해 1990년 초중반 조성이 완료됐다. 공급계획 발표 후 1990년까지 상승하던 집값은 이내 안정되기 시작했다. 1990년 아파트매매가 상승률은 21%에 달했으나, 91년에는 -0.6%로 하락 반전하였고, 92년에도 -4.9%를 기록하였다. 이후 IMF 외환위기가 영향도 있었지만 90년대 내내 주택시장은 안정세를 보였다.

요가 증가하게 되어 가격은 다시 상승하기 시작했다. 2002년 주택공급이 67만호에 달하는 수준이 되어서야 아파트매매가격은 다시 안정되는 모습을 보였다. 2015년 주택공급은 77만호에 달하는 주택 200만호 건설 기간의 수준으로 확대되었으며 아파트매매가격은 0%에 수렴했다. 즉, 주택공급 경험을 돌이켜보면, 공급의 증가는 일정한 시차가 발생하기는 하나, 매매가격의 안정세에 기여했다고 볼 수 있다.

아파트매매가격 변동과 주택 인허가실적

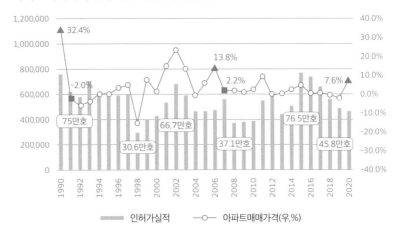

자료: KOSIS, 한국부동산원

공급을 확대하기 위해서는 많은 준비가 필요하다. 택지가 있어야 하고 주거용으로 개발하기 위해서는 상업시설, 교통망과 같은 인프라도 고려되어야 충분한 편익을 만들어낼 수 있다. 또한, 주택공급이 주택수요를 소진하려면 수요 요건의 하나인 구매 욕구를 충족시켜야 한다. 공급되는 지역도 잘 선정해야 하며 공급되는 주택의 크기도 고민해야 한다. 양적 확대와 함께 살고 싶어 하는 주택이 되어야 한다는 것은 그만큼 수요에 대한 분석이 뒷받침되어야 가능한 일이다.

재개발과 재건축, 시장안정에 도움이 될까?

서울이나 부산과 같이 역사적으로 오래된 도시는 어디에나 구도심이 존재한다. 주거지역 역시 도시의 역사만큼이나 다양하므로 신축되는 주택이 있지만, 멸실되는 주택도 있다. 우리나라는 1970년 이후 급격한 속도로 도시화가 진행되었고, 이 과정에서 많은 주택이 공급되었다. 대단지의 아파트가 생겨났고, 단독주택, 빌라촌과 같은 주거지역이 만들어지기도 했다. 시간이 흐르며 자연스레 주택은 노후화되어 갔고 새롭게 정비할 필요성이 생겨나기 시작했다. 이를 위해 재개발, 재건축과 같은 정비사업이 생겨났고, 2000년 이후 본격화되기 시작했다.

정비사업 가운데 재개발과 재건축이 많은 주목을 받는다. 개발규모가 작지 않고, 주택공급에 미치는 영향도 상당하기 때문이다. 일반적으로 오래된 단독주택 주거지나 다세대, 연립주택이 밀집된 지역은 재개발을 통해 개발된다. 재건축은 아파트를 중심으로 이루어진다. 서로 '도시 및 주거환경정비법'을 근거로 두긴 하나, 개념적으로 차이가 크다. 재개발은 기존의 기반시설이 열악한 경우로 주거환경이 매우 낙후된 지역을 밀어내고, 도시 인프라와 주거환경은 물론 도시미관까지 바꾸는 사업을 말한다. 이에 비하여 재건축은 정비기반시설이 양호하나 건물이 낡아 멸실 후 신축이 필요한 경우의 사업을 말한다.

재개발과 재건축은 기본적으로 구축을 멸실하고, 신축인 아파트를 주로 보급하기 때문에 주민들이 선호하는 주택을 신규 공급한다는 측면에서 긍정적이다. 또한, 이전과 비교하면 신규로 공급되는 물량이 많아 주택공급 효과도 부인할 수 없다. 다만, 서울 등 대도시의 경우 사업성이 뒷받침되는 지역이나 지구에서 사업이 진행되기 때문에 주변 주택가격을 상승시키는 역할을 한다고 보는 시각이 존재한다. 즉, 공급효과는 있으나, 공급을 통한 주택시장 안정화에 있어서는 양날의 검 같은 존재다.

정비사업
정비사업은 크게 4가지로 구분할 수 있다.

주거환경개선사업: 저소득층 거주지역을 중심으로 기반시설이 극히 열악하고, 노후·불량건축물이 밀집한 지역이 주요 대상

주택재개발사업: 기반시설이 열악하고 노후·불량건축물이 밀집된 지역이 대상

주택재건축사업: 기반시설이 양호한 지역에서 주택만 새로 짓는 사업

도시환경정비사업: 도시기능의 회복이나 상권 활성화 등이 필요한 지역이 주요 대상

젠트리피케이션

젠트리피케이션은 영국의 지주계급을 의미하는 '젠트리', 변화를 의미하는 '피케이션'의 합성어로 중산층 이상이 특정 지역으로 유입되면서 일어나는 변화를 뜻한다. 우리나라에서는 '둥지 내몰림'을 의미하며, 주거 및 상업시설의 재개발로 인해 기존 주민이나 상인들이 해당 지역을 떠나는 현상으로 해석하고 있다. 재개발·재건축 사업 이후 기존 원주민들이 정착하는 비율을 보여주는 공식 통계는 존재하지 않는다. 연구기관의 분석에 따르면 10% 후반에서 25%로 추정되고 있다.

주민들의 선호가 높은 주거지역에서 재개발·재건축이 이루어지는 만큼 이는 주거안정과 만족도 측면에서 장점을 지닌다. 하지만 때로는 필요로 하는 만큼 공급되지도 않을뿐더러, 과도하게 이루어지는 경우도 있다. 재개발의 경우 공공성이 존재하여 세입자에게 보상이 따르지만, 재건축의 경우는 예외적인 경우를 제외하고는 보상이 전무하다. 세입자 말고도 사업이 궤도에 이르러 관리처분 후 이주 시에는 주변 지역 임대차 시장 가격의 상승을 유발하기도 한다. 또한, 주택가격 상승기에 자주 벌어지는 이벤트 같은 효과가 있어 주택가격 안정화에는 크게 도움이 되지 않는 경우도 종종 발생한다.

재개발·재건축 사업은 조합원의 부담금 수준이 적지 않고, 사업기간 역시 지연되는 경우가 많아 젠트리피케이션(Gentrification) 문제 역시 발생한다. 게다가 조합설립 이후 사업시행, 관리처분이 진행되면서 시장의 기대 및 시장원리에 의해 입주권 프리미엄이 과도하게 작용하여 주변 지역 주택가격에도 큰 영향을 미치게 된다. 결과적으로 재개발·재건축은 주택공급 효과는 있으나, 주택가격 상승이라는 부작용과 원주민 정착률이 높지 않다는 한계도 지니고 있다. 가격 안정화 측면으로 보면 궁극적인 해결책이 되긴 어렵다.

리모델링, 새로운 주택공급의 대안?

리모델링

리모델링은 '주택법' 제2조 제25호에 따라 건축물의 노후화를 억제하거나 기능 향상 등을 위하여 대수선하거나 건축물의 일부를 증축 또는 개축하는 행위를 말한다. 리모델링 대상이 되려면 우선 준공 후 15년이 경과된 아파트여야 하며, 증축 범위도 기존 세대수의 15% 이내와 수직 증축할 경우 14층 이하는 2개 층, 15층 이상은 3개 층 이내만 가능하다.

쾌적한 주거환경은 누구나 바라는 일이다. 우리가 새 아파트, 신축 건물을 선호하는 이유도 더 나은 주거환경을 기대하기 때문이다. 그러나 현실적으로 1990년도 이후에 건설된 아파트는 용적률이 높아 재건축 방식으로 탈바꿈하기가 쉽지 않다. 규제는 물론 자금부담이 만만치 않기 때문이다. 오래된 아파트도 신축과 같은 효과를 낼 수 있는 길이 있다. 바로 리모델링이다. 최근 도심의 노후 아파트와 1기 신도시 등을 중심으로 리모델링이 새로운 주택공급의 대안으로 떠오르고 있다.

리모델링의 유형은 크게 두 가지로 나눠볼 수 있다. 맞춤형 리모델링과 세대수 증가형 리모델링이 있다. 맞춤형 리모델링은 세대수 증가 없이, 기존 주거성능을 유지하고 불편을 해소하기 위한 선택적 시설 개선이 이에 해당한다. 반면 세대수 증가형 리모델링은 주택가격, 주민의사 등을 고려하여, 세대수 증가를 통한 기존 주거의 전체적 성능향상을 요하는 리모델링이다. 증축의 방법에는 수평증축, 수직증축, 별동증축의 방식이 있다.

리모델링은 많은 장점이 있다. 철거 후 신축 과정을 거치는 정비사업보다 상대적으로 적은 비용이 들어간다. 신축에 비해 공사기간도 짧으며, 주변 주민들과의 갈등도 크지 않다. 대규모 공사 시에는 소음, 분진, 진동이 다수 발생하나, 리모델링은 상대적으로 주택 내부에서 작업이 이루어지기 때문에 상대적으로 민원이 적다. 또한, 주택소유자 입장에서는 건축물의 법 적용이 이전 법률과 동일하여 정비사업에 비해 규제가 적다는 이점도 존재한다.

그러나 장점만 있는 것은 아니다. 안전진단 후 기본구조, 골조, 설비의 선택에 따라 사업비용에 차이가 있다. 어떠한 자재를 사용하느냐에 따라 과도한 비용이 산출될 수 있으며, 특히 골조를 보강해야 하는 문제가 있을 경우 비용이 크게 증가한다. 또한, 인허가 측면에서도 예정된 계획을 추진할 수 없는 상황이 발생할 수 있다는 단점이 존재한다. 정부와 지방자치단체의 보수적인 판단도 리모델링 사업 활성화에 부정적 영향을 미치고 있다. 특히, 수직증축 등 세대수 증가 리모델링의 경우 일부 공공기관에서 안전성을 이유로 인허가 등에 있어 책임을 미루는 일이 벌어지고 있다.

시간이 지날수록 노후화된 구축 아파트는 지속적으로 증가할 것이다. 현실적으로 재건축이 쉽지 않다면 리모델링을 선택할 수밖에 없다. 특히, 리모델링은 주택공급이 상대적으로 필요한 서울과 수도권에 집중되어 있다. 물론 리모델링 역시 집값을 상승시키는 요인으로 지적되는 경우가 없진 않다. 그러나 도심 내 주택공급의 훌륭한 대안이라는 점도 고려해야 한다.

리모델링 추진 현황

한국리모델링협회에 따르면 2021년 8월 기준, 전국 85개 단지에서 리모델링 조합 설립을 완료한 것으로 나타나고 있다. 2020년에 54개 단지임을 감안하면 확산 속도가 빠르게 증가하고 있는 것을 알 수 있다. 실제 사업을 추진하고 있는 단지까지 감안하면 리모델링 추진 단지는 이보다 많을 것으로 판단된다.

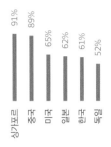

국가별 자가보유율 비교

91% 싱가포르
89% 중국
65% 미국
62% 프랑스
61% 영국
52% 독일

자료: 이코노믹스

공공임대주택의 종류

공공임대주택에는 영구임대주택, 국민임대주택, 행복주택, 장기전세주택, 분양전환공공임대주택, 기존주택매입임대주택, 기존주택전세임대주택이 있다. 대표적으로 영구임대주택은 50년 이상 임대를 목적으로 하고 국민임대주택은 30년 이상이다. 행복주택은 대학생, 사회초년생, 신혼부부 등 젊은 층의 주거안정을 목적으로 공급하는 임대주택이다.

'공공임대주택' 소외 계층 주택수요에 필요

모두가 주택을 소유하고 있는 나라가 있을까? 아마 지구상에 그런 나라는 없을 것이다. 인구가 590만 명인 싱가포르는 자가보유율이 높은 것으로 알려져 있는데, 그 비중이 90%가 넘는다. 싱가포르의 자가보유율이 높을 수밖에 없는 이유는 명확하다. 국민의 80% 이상이 저렴한 공공주택에 거주하고 있기 때문이다. 물론 90%가 넘는 토지를 국가가 보유하고 있기에 가능한 일이다.

모든 사람이 원하는 주택을 소유할 수는 없다. 자가가 아니라 전세 등 차가를 선택하더라도, 원하는 주택을 구하는 일은 쉽지 않다. 더욱이 저소득층에게는 헌법에 명시한 주거권을 누릴 수 있는 최소 수준의 주택을 구하기조차 어려운 것이 현실이기도 하다. 그렇기에 정부는 이들에게 적절한 수준의 주거편익을 누릴 수 있는 공공임대주택을 공급한다. 우리나라는 다양한 공공임대주택을 만들어 공급해 왔다. 분양주택인 국민주택에서 영구임대, 국민임대, 행복주택 등 대상과 임대료 수준이 각기 다른 주택을 공급했다. 저소득층 대상으로는 시세 대비 낮은 임대료로 주거비 부담과 주거공간 니즈를 충족했다. 2020년 기준 공공임대주택 재고량은 170만호이고, 2021년에는 185만호의 재고량 확보를 목표로 설정했다.

공공임대주택은 택지 선정부터 건설, 운영에 이르기까지 모든 단계를 직접 공공이 담당하기 때문에 막대한 비용을 감수해야 한다. 이러한 점이 공공임대주택 재고량 확대를 어렵게 만들고 있다. 하지만 공공임대주택은 여러 제약과 어려움에도 불구하고 공급을 확대할 필요가 있다. 2020년 주거실태조사에 따르면 공공임대주택에 입주할 의사가 있는 가구는 745만으로 조사되었다. 최근 주택가격이 급격하게 상승하여 주거비 부담을 덜 수 있는 공공임대주택에 대한 수요가 많아진 것으로 해석할 수 있다. 건설과 공급에 필요한 시간과 재원 부담이 크기에, 정부는 다양한 방식을 접목해 공공임대를 확보하려고 시도하고 있다.

이미 건설된 주거공간을 매입하여 공공임대로 운영하는 매입임대방식이 활용되고 있으며, 주거급여를 지급하여 주거비를 직접 보조하는 주택바우처도 도입했다.

최근 주택가격의 전방위적 상승은 물론 전·월세 문제까지 심각한 상황으로 흘러가고 있다. 그렇기에 주택정책이 더욱 중요한 시점에 와 있다. 그중에서도 기본적인 주거복지와 지원이 필요한 국민의 주거안정을 위해 공공임대주택 확대는 선택이 아니라 필수적으로 지속될 당위성이 존재한다.

주택정책과 주택공급

정부는 주택시장 안정을 위해 다양한 정책 수단을 쓰고 있다. 세율을 조정하여 조세를 강화하고, 주택담보대출을 줄이기 위해 대출 규제도 강화하고 있다. 임차가구 보호를 위해 임대차 3법 등 강력한 제도를 운용하기도 한다. 이런 정부의 여러 노력에도 불구하고 결과적으로 주택가격은 안정화되지 못했고, 임차가구의 임대료 부담은 커지고 말았다. 다주택자에 대한 규제 강화와 임대사업자에 대한 지원 백지화 등의 선택은 명확한 목적이 있었지만, 임대시장에서 혼란만 키웠다.

그만큼 가격을 대상으로 한 정책은 상당한 준비와 이해가 바탕이 되지 않으면 부작용만 양산하는 골칫거리가 되기 쉽다. 공급확대는 수요 안정을 통해 가격과 시장의 불안을 제거할 수 있다. 그러나 일시적 양적 확대는 공급과잉의 우려도 불러온다. 경제학에서는 K% 준칙이라는 이론이 있다. 경제상황, 물가상태를 고려하여 일정하고 지속적인 통화공급이 필요하다는 이론이다. 주택시장 역시 일정량의 주택을 매년 공급하는 장기공급 계획과 틀을 만들어 추진하는 것이 부작용을 최소화하면서 주택시장 안정도 도모하는 단초가 될 것이다.

K% 준칙(K% rule)
밀턴 프리드먼의 주장으로 경제성장률과 물가상승률을 감안해 일정한 기준에 의해 통화공급량을 결정해야 한다는 이론이다.

주택보급률 의미와 국제간 비교

주택보급률은 일반 가구 수에 대한 주택 수의 백분율을 의미한다. 가구 수 대비 주택의 부족 또는 여유를 보여주는 양적 지표로 주택공급과 정책에 활용된다. 그러나 주택보급률 지표는 주택재고의 배분상태(자가보유율)나 거주상태(주거수준)를 보여주기는 어려워 한계 역시 존재한다. 우리나라 주택보급률은 1990년까지 70%대에 불과했다. 이후 지속적인 공급확대에 따라 2008년 처음으로 100%를 넘어섰고, 2019년에는 104.8%까지 확대되었다. 다만, 서울과 수도권의 경우 여전히 주택보급률이 100%에 미치지 못하고 있는 실정이다.

우리나라 연도별 주택보급률 추이

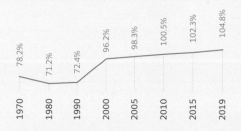

2019년 지역별 주택보급률

자료: 통계청

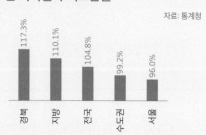

주택보급률이 100%가 넘다 보니 이를 근거로 주택공급은 충분히 이루어졌다고 생각할 수도 있으나, 사실 그렇지는 않다. 먼저 주택보급률이라는 지표가 가지는 한계가 분명하다. 현재 국내에는 외국인이 200만 명 이상 거주하고 있는데 이들이 계산에 빠져있다. 또한, 전국적으로 사람이 거주하지 않는 빈집이 150만호인데 이는 계산에 포함되어 있다. 즉, 주택보급률 계산식에서 분자는 과소계상, 분모는 과대계상 되어 있어, 주택보급률이 높게 추정될 가능성이 크다. 주택보급률이 가지는 지표상 한계가 분명하여 OECD 등에서는 주택공급량의 판단 지표로 인구 1,000명당 주택 수로 계산하는 것이 일반적이다. 이 방식으로 우리나라와 OECD 국가들의 인구대비 주택 수를 비교해보면 우리나라 주택스톡이 결코 많지 않다는 것을 알 수 있다. 2018년 기준 우리나라의 인구 1,000명당 주택 수는 403채로 OECD 국가 37개국 중 28위에 불과하다. 수도권은 372채로 주택스톡 여건이 더욱 나쁘다. OECD 국가 중 포르투갈은 577채로 가장 많고, 프랑스, 독일 등도 500채가 넘는다. 일본 역시 494채로 우리나라에 비해 90채 이상 많다. 주택보급률 수치만을 이용하여 우리나라의 주택 수가 충분하다는 주장은 설득력이 떨어진다. 지표의 정확한 의미를 파악하는 것이 중요하다.

인구 천명당 주택 수 국제비교(2018년 기준)

자료: OECD

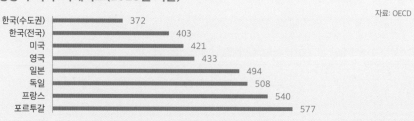

사라지는 도시,
늙어가는 주택

인구감소, 현실화되다
소멸위기에 처해있는 도시
도시는 집값 상승이 고민, 지방은 쌓여가는 빈집이 고민
늙어가는 주택
도시재생 뉴딜사업

[코너]
도시와 주택문제의 새로운 패러다임, 축소도시

인구감소, 현실화되다

저출산

합계 출산율이 인구 대체가 가능한 수준을 밑돌게 되는 현상을 말한다. OECD 기준에 따르면 합계 출산율이 2.1명 이하일 때는 '저출산'으로, 1.3명 이하일 땐 '초(超)저출산'으로 분류된다. 우리나라는 2002년부터 19년째 초저출산 국가로 OECD 내에서 가장 심각한 상황이다.

고령화

UN의 기준에 따르면 65세 이상 인구가 7% 이상일 때 고령화사회, 14%를 넘으면 고령사회, 그리고 20%를 넘게 되면 초고령사회로 분류된다. 우리나라는 2021년 상반기 노인인구 비중이 16.7%로 고령사회에 진입해 있으며, 2025년에는 노인인구가 전체인구의 20%에 이르는 초고령사회로 돌입할 것으로 추정되고 있다.

'우리나라 경제의 가장 큰 리스크가 무엇인가?'라는 질문에 많은 사람이 주저 없이 인구감소라고 답한다. "전 세계 출산율 꼴찌, 고령화 속도 1위" 수년 전부터 귀에 딱지가 앉도록 듣고 있는 이야기지만, 변화된 건 없고, 오히려 악화 일로를 걷고 있다.

저출산과 고령화는 서로 맞물려 있다. 저출산이 심각해지면 고령화 속도는 자연스레 증가한다. 외국과 비교해보면 우리나라의 상황이 얼마나 심각한지 실감이 된다. 우리나라의 합계 출산율은 1971년 4.54명으로 정점을 기록한 이후 빠르게 줄기 시작하여 2017년에는 1.05명까지 떨어졌다. 2018년에는 결국 출산율 1명이 깨졌고, 2020년에는 역대 최저치인 0.84명을 기록하고 있다. 0.84명이라는 숫자는 외국과 비교해도 압도적으로 낮은 출산율이다. 프랑스 1.84명, 미국 1.73명, 일본 1.42명과 비교해도 한참 낮은 수준이고 OECD 평균 출산율 1.63명의 절반 수준에 불과한 상황이다.

OECD 국가 출산율 비교(2020년)

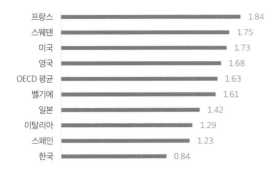

프랑스	1.84
스웨덴	1.75
미국	1.73
영국	1.68
OECD 평균	1.63
벨기에	1.61
일본	1.42
이탈리아	1.29
스페인	1.23
한국	0.84

자료: 통계청

고령화 속도 역시 전 세계 1위를 달리고 있다. 최근 10년간 고령인구 증가율은 4.4%로 OECD 37개국 평균 2.7%에 비해 매우 크게 나타난다. 이 추세라면 2040년에는 셋 중 한 명이 노인인 나라가 되고, 2048년에는 세계에서 가장 늙은 나라가 될 전망이다.

OECD 국가 고령인구 연평균 증가율(2011-2020)

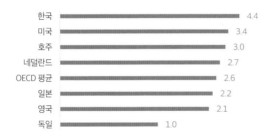

한국	4.4
미국	3.4
호주	3.0
네덜란드	2.7
OECD 평균	2.6
일본	2.2
영국	2.1
독일	1.0

자료: 통계청

저출산과 고령화는 생산가능인구의 감소를 가져오고 경제 전반의 활력을 떨어뜨린다. 장기적으로는 인구감소와 함께 국가 경쟁력 저하로 이어질 수밖에 없다. 당초 통계청은 우리나라 인구가 2025년 이후 자연 감소할 것으로 예상했다. 하지만 저출산이 생각보다 더욱 심각해져 이미 인구감소는 현실화되었다. 2020년 새로 태어난 아기는 27만여 명이었는데, 사망자가 신생아보다 많은 30만여 명으로 결국 3만 명 넘게 인구가 줄어들었다. 많은 국가는 경제성장이 어느 정도 이루어지

우리나라 총인구 추정

연도	인구
2017	5,136
2019	5,165
2020	5,164
2040	4,831
2060	3,801

자료: 통계청

고 나면 성장속도와 함께 인구증가가 둔화하는 모습을 보이는 게 사실이다. 그러나 문제는 우리나라의 인구감소 추세 자체가 너무 빠르다는 데 있다. 향후 출산율에 따라 달라지겠으나, 지금 추이를 유지한다고 가정했을 때 우리나라 총인구는 2035년경 5,000만 명이 무너지며, 2055년경에는 4,000만 명이 깨질 것으로 보인다.

인구가 크게 줄어든 대한민국의 모습은 과연 어떻게 변화될까? 사람마다 생각이 다르겠으나, 부정적 요인이 큰 것은 틀림없는 사실이다.

소멸위기에 처해있는 도시

인구소멸 위험지수
도시의 20~39세 여성 인구를 65세 이상 인구로 나눈 값으로 이 지수의 값에 따라 도시의 소멸 위험을 파악하기 위해 개발되었다. 지방도시의 소멸 위험성과 함께 우리나라 인구의 수도권 집중 문제, 저출산·고령화의 심각성 등을 파악하기에 좋은 자료다.

구분	해당 수치
안정	1.5 이상
양호	1.0~1.5
주의	0.5~1.0
위험	0.2~0.5
위기	0.2 미만

자료: 한국고용정보원

한국고용정보원은 매년 인구소멸 위험지수를 발표하면서 광역자치단체와 기초자치단체별로 인구감소 위험을 제시하고 있다. 낮은 출산율과 빠른 고령화 속도가 인해 매년 조사 때마다 수치가 악화되고 있다. 이에 따라 지방의 일부 도시는 소멸할지도 모른다는 두려움이 몰려오고 있다.

2020년 기준 전국 228개 시군구 가운데 42%가 소멸 위험지역으로 분류된다. 강원도, 경상북도, 전라남도의 일부 도시들은 이미 소멸의 막바지에 놓여있는 곳도 있다. 수도권, 대도시 등으로의 인구유출과 고령화는 지금도 빠르게 진행되고 있어 지방소멸은 이제 곧 현실로 닥칠 문제로 다가왔다. 통상 인구소멸 위험지수가 1.0 이하이면 주의, 0.5보다 낮게 되면 위험, 0.2 미만이면 위기로 정의한다. 인구가 집중된 수도권과 광역시의 경우 지수 값이 1이상인 경우가 많으나, 지방의 경우 심각한 지역이 다수다. 강원도는 18개 지자체 가운데 15개가 위험지역 이상으로 분류된다. 경상북도는 23개 중 19개가 위험지역이며, 지수가 0.2이하로 매우 위험한 위기지역이 7개나 포함된다. 전라남도 역시 22개 지자체 가운데 18개가 위험지역이고, 5개가 위기지역이다.

지역별 소멸 위험도시 비중

구분	경기도	강원도	충청북도	충청남도	전라북도	전라남도	경상북도	경상남도
지자체수	31개	18개	11개	15개	14개	22개	23개	18개
위험 또는 위기지역	5개	15개	7개	10개	11개	18개	19개	12개
비중	16.1%	83.3%	63.6%	66.7%	78.6%	81.8%	82.6%	66.7%

자료: 한국고용정보원

일각에서는 인구소멸 위험지수가 지나치게 과장되어 위기감을 조장한다는 목소리도 있다. 인구감소에 따른 지방소멸 개념은 2014년 일본에서 발표된 '마스다 보고서'에서 사용되는 개념을 우리나라에 그대로 차용했다. 지수 산출 값이 20~39세의 여성 인구만을 대상으로 하여 지역인구의 현실이 제대로 반영되지 못하는 경우가 있다고 지적한다.

그럼에도 불구하고 인구소멸, 지방소멸에 대한 담론은 인구감소에 따른 지역의 현실적인 어려움과 위기를 알리고, 정부의 대책 마련이 필요하다는 인식을 공유한다는 측면에서 의미가 있다. 실제로 지수 값이 0에 가깝더라도 지방도시는 소멸하지 않을 수 있으며, 거시적 환경과 지역경제 변화에 따라 상황이 좋아질 수도 있을 것이다. 확실한 것은 현재와 같은 인구이동 패턴과 저출산·고령화가 계속된다면 지방도시의 경쟁력 약화는 점차 심화될 수밖에 없다.

정부 역시 지방의 인구감소와 위기를 모르는 일이 아니다. 비수도권 권역별 거점도시를 집중적으로 육성하고, 소멸위기 지역에 대해선 자립역량 강화를 지원하는 조치를 준비하고 있다. 지방도시의 소멸은 국가적인 경쟁력 약화이자, 자원활용 측면에서도 큰 낭비. 관심을 가지고 지켜보자.

마스다 보고서

일본의 관료 출신인 마스다 히로야가 2014년 일본창성회의에서 발표한 보고서로 2040년 일본 도시의 절반인 896개의 지방지치단체가 소멸한다는 경고를 담고 있다.

마스다 보고서에 의해 인구 문제로 인한 도시소멸이 공론화되기 시작했으며, 특히, 저출산과 고령화가 심각한 우리나라에서 큰 반향을 일으켰다.

빈집의 개념

빈집의 정의는 문자대로 생각해보면 사람이 살지 않는 집이 된다. 그렇다면 별장이나, 미분양주택도 빈집일까? 얼마나 오래 비어있어야 빈집이 될까? 여러 질문이 나올 수 있다. 2017년 빈집 및 소규모 주택정비에 관한 특례법이 제정되면서 법에서 빈집의 기준이 마련됐다. 법률상 빈집은 "자치단체장이 거주 또는 사용 여부를 확인한 날부터 1년 이상 아무도 거주 또는 사용하지 아니하는 주택"이다.

도시는 집값 상승이 고민, 지방은 쌓여가는 빈집이 고민

　서울과 수도권은 가파르게 오르는 집값이 문제가 되지만, 지방 중소도시와 소도시는 빈집이 넘쳐나서 고민하고 있다. 크지 않은 우리 국토 안에서 한쪽에서는 집이 없어 아우성치고 다른 한쪽에서는 사람이 없어 힘들어한다. 수도권은 집값 해결을 위해 끊임없이 신규 주택공급을 고심하고 있지만, 지방도시는 쇠퇴하는 도시 자체에 불안감이 커지고 있다. 소득의 양극화, 자산의 양극화는 물론 도시의 양극화가 빠르게 번져나가고 있다.

　빈집 조사가 시작된 1995년 전국의 빈집은 약 37만호였는데, 2020년에는 4배 넘게 증가하여 151만호가 되었다. 2020년 기준 전체 주택 수가 1,853만호 가량이니 빈집의 비중은 8.2%로 적지 않은 비중을 차지한다. 빈집 발생의 가장 큰 요인이 인구감소이기 때문에 자연스레 수도권의 빈집 비중은 낮고, 비수도권은 높을 수밖에 없다. 지역별로 빈집은 전남지역이 15.2%로 가장 많다. 다음으로 제주(14.2%)·강원(13.1%)·전북(12.9%)·경북(12.8%)이 많으며, 서울(3.2%)·대구(4.8%)·대전(5.4%)·경기(6.1%)는 적은 편에 속한다. 다만, 빈집 수로 보면 경기도가 27만호가 가장 많다. 경기도라 하더라도 서울과 교통 접근성이 높고, 인구가 지속적으로 증가하는 도시가 아닌 경우에는 빈집은 남의 얘기가 아닌 것이 된다.

지역별 전체 주택대비 빈집 비중

자료: 통계청

빈집을 주택유형별로 살펴보면 예상과는 다르게 아파트가 83만호로 가장 많다. 다음으로 단독주택(34만호), 다세대주택(24만호)으로 나타난다. 이는 지방 중소도시의 경우 주택수요 감소에 따라 아파트조차도 비어가고 있음을 의미한다.

주택유형별 빈집

자료: 통계청

2019년 시사IN에서는 빈집을 '소리없이 번지는 도시의 질병'으로 정의하고 특집기사를 내놓았다. 여기서는 빈집의 유형과 발생을 크게 3가지로 보았다. 먼저 농촌형 빈집이다. 농가에 살던 고연령층 주민이 사망하거나 이주하면서 발생하는 경우다. 주로 지방 소도시 중 군지역에서 주로 발생한다. 다음으로 인구 10-20만 명 규모의 지방 중소도시형 빈집이다. 신시가지가 개발되면서 구도심이 공동화되는 현상이다. 실제로 많은 지방도시의 구도심은 도시 내 인구이동으로 인해 슬럼화가 심각한 상황이다. 마지막으로 대도시형 빈집이다. 농촌과 지방도시의 빈집에 비해서는 심각성이 크지 않은 경우가 많다. 주로 재개발·재건축을 이유로 방치되어 슬럼화되는 경우가 대다수다.

빈집은 전염성이 강하다. 처음에는 하나둘 생겨나지만, 시간이 지나면 기하급수적으로 증가한다. 인구감소는 시작되었고 가구감소도 곧 닥칠 일이다. 시간을 지체할수록 빈집의 수가 증가할 가능성이 크다. 빈집은 결국 지방소멸의 문제, 지방도시의 생존문제가 직결되어 있다. 상황을 방치하기엔 이후에 감당할 비용이 더욱 커질 수 있는 문제로 확대될 수 있다.

2022년에는 대통령 선거와 지방선거가 동시에 실시된다. 하이테크 시티, 스마트 시티도 좋지만, 빈집문제 해소, 지방도시 회복의 공약이 많아지기를 기대한다.

늙어가는 주택

주택의 수만큼 중요한 것이 주택의 질이다. 전국의 주택보급률은 104.8%로 과거와 비교하면 주택이 절대 부족한 상황은 분명 지나갔다. 도시로 인구가 집중되어 나타났던 주택 부족 문제는 1990년 초 시작된 1기 신도시 공급 이후 크게 개선되었다. 이제는 주택의 품질과 성능이 관심사다. 소득이 증가하면서 쾌적한 환경에 살고 싶어 하는 욕구는 점차 커지고 있으나, 주택의 품질과 노후화 문제는 심화되고 있다.

2020년 국토교통부의 주거실태조사에 따르면 최저주거기준(Minimum Housing Standard) 미달 가구의 비율은 4.6%로 나타났다. 소득별로는 저소득층, 지역별로는 수도권이 최저주거기준 미달 가구가 많은 것으로 조사되었다. 다행히 최저주거기준 미달가구는 감소 추세에 있다. 2010년 비율이 10%가 넘었던 점을 감안하면 현재는 절반 수준으로 떨어졌다. 그러나 여전히 96만여 가구가 최저주거기준에도 미치지 못한 상황에 처해 있다.

주택의 노후화 역시 가속화되고 있으며, 이는 주거만족도 감소는 물론 주택 성능과 안전에 대한 위협으로 이어지고 있다. 전국의 재고주택 1,850만호 중 20년 이상 된 주택은 900만호 이상으로 절반에 달한다. 30년 이상 된 주택 역시 360만호로 재고주택의 19%에 이른다. 특히, 단독주택의 경우 노후화가 심각하다. 단독주택의 74%는 20년 이상 됐으며, 30년 이상 된 것 역시 52%로 매우 높은 수준이다.

주택유형별 주택 재고 현황 (2020년 기준)

자료: 통계청

주택유형별 노후화 현황(2020년 기준)

자료: 통계청

주택의 노후화가 건물 붕괴 상황으로 확대되지는 않겠지만, 공동주택의 경우 구조적 안전문제는 많은 가구의 주거안정뿐 아니라, 생명과 직결된 사항으로 정책적 고려가 필요한 상황이다. 경제성장과 소득증가에 따라 많은 국민은 이전에 비해 나은 주거환경을 원하고 있으나, 현실에서는 그렇지 못한 경우가 많다. 주거편익 감소는 물론 경제적 가치 하락으로도 이어질 수 있다. 많은 도시가 생존의 위협에 처해있고 동시에 주택의 노후화 문제도 안고 있다.

도시재생 뉴딜사업

도시는 경제성장과 함께 발전하면서 여러 기능을 수행해왔다. 압축성장이라고 불릴 만큼 급격한 성장을 경험했고, 많은 변화가 짧은 시간에 이루어졌다. 도시라는 공간은 생산기능을 비교적 잘 수행했지만, 내외부적인 환경변화에 따라 새로운 도전에 직면해 있다. 무엇보다 인구감소와 저성장이라는 암초를 만나면서, 성장을 전제로 한 도시개발에 대한 반성이 제기되고 있다. 양극화의 문제도 심각하다. 수도권과 비수도권의 양극화, 수도권 내에서도 도심과 외곽의 양극화, 지역 간의 갈등 문제가 수면 위로 떠올랐다. 도시와 주택의 경쟁력 약화는 지역주민의 삶의 질에 부정적 영향을 미치고, 도시공간의 효율성을 저하시킨다. 도시공간의 전체적인 재설계가 필요하며, 이 문제의 대안으로 제시된 정책이 바로 도시재생사업이다. 일부에서는 도시재생사업을 정치적으로 바라보는 경우도 있으나, 다양한 정부에서 도시의 쇠퇴와 변화에 대응하여 지속적으로 추진해 왔다는 측면에서 색안경을 끼고 바라볼 필요는 없어 보인다.

문재인 정부에서도 도시재생 뉴딜사업은 주요 국정과제 중 하나다. 전국의 낙후 지역 500곳에 매년 재정 2조 원, 주택도시기금 5조 원, LH 등 공기업 사업비 3조 원 등 5년간 50조 원을 투입하는 전국적 차원의 도시재생사업이다. 사업유형은 면적 규모에 따라 우리동네살리기, 주거

도시재생사업

도시재생은 2000년 이후 서울시가 청계천복원과 뉴타운 사업 추진을 위해 외국 도시재생 사례를 소개하면서 도입되었다. 'Urban Regeneration'으로 영국에서 통용되던 개념을 2000년대 일본에서 '도시재생(都市再生)'이라고 번역하여 도입한 이래 우리나라도 그대로 받아들여 사용하고 있다.

2013년 '도시재생 활성화 및 지원에 관한 특별법'이 제정되었으며, 서울, 부산, 대전 등 지자체는 도시재생 관련 조례를 만들었다. 2014년 도시재생 선도지역, 2016년 도시재생 일반지역이 지정되면서 도시재생사업이 본격적으로 추진되었으며, 2017년 문재인 정부가 들어서면서 100대 국정과제 중 하나로 도시재생 뉴딜사업이 선정되어, 더욱 확대되었다.

정비지원형, 일반근린형, 중심시가지형, 경제기반형 등 다섯 가지로 구분된다. 공통적으로 추진하고자 하는 부분은 노후 주거지와 쇠퇴한 구도심을 지역 주도로 활성화하는 것이다. 이를 통해 도시경쟁력을 높이고 일자리를 만드는 도시혁신을 이루는 데에 사업의 목적이 있다.

도시재생 뉴딜 추진전략 및 과제

정책 목표	3대 추진전략	5대 추진과제
삶의 질 향상 및 도시 활력 회복	도시공간 혁신	① 노후 저층주거지의 주거환경 정비 ② 구도심을 혁신거점으로 조성
일자리 창출	도시재생 경제 활성화	③ 도시재생 경제조직 활성화/민간참여 유도
공동체 회복 및 사회 통합	주민과 지역 주도	④ 풀뿌리 도시재생 거버넌스 구축 ⑤ 상가 내몰림 현상에 선제적 대응

자료: 관계부처 합동 보도자료(2018.3.27.) 내 삶을 바꾸는 도시재생 뉴딜 로드맵

도시재생 뉴딜사업은 5년에 걸쳐 50조 원의 예산이 투입되다 보니, 기대도 크지만, 한편에서는 우려도 상당하다. 이번 도시재생사업은 주민참여를 강조하고 있어 단기간의 성과가 미약할 가능성이 있다. 지자체의 부족한 전문성에 대한 지적도 존재한다. 지자체별로 예산 나눠 먹기라는 비판 역시 제기되었다. 틀린 말이 아니기에 제도의 전반적인 실효성을 점검하고 객관적 판단과 전문적 분석을 통해 미흡한 점은 개선해 나가야 한다.

2010년 이전까지 도시개발의 시기였다면 앞으로는 개발과 더불어 재생이 공존해야 하는 시대다. 그런 측면에서 도시재생은 아직 초기 단계다. 그동안의 문제점을 개선하면서 장기적인 계획을 통해 지속으로 추진되어야 한다. 유엔 해비타트는 포용적이고 지속가능한 도시 발전의 추구라는 새로운 도시 의제를 추진하면서 "모두를 위한 도시(Cities for all)"를 강조하고 있다.

도시경쟁력은 곧바로 국가의 경쟁력이 되는 세상이다. 이런 측면에서 도시재생사업은 미래에도 중요한 정책과제다.

도시와 주택문제의 새로운 패러다임, 축소도시

인구감소에 따른 도시의 위기, 주택 노후화는 우리나라만의 문제가 아니다. 고령화, 탈산업화 등에 따라 지방도시의 축소현상을 우리보다 빠르게 겪은 유럽과 일본에서는 1990년 이후 '축소도시'의 개념이 생겨나고 공론화가 진행되었다. 축소도시라는 용어는 독일에서 시작되었다. 독일은 통일 이후 동독 도시들을 중심으로 인구이동, 산업붕괴로 도시쇠퇴 현상을 경험했기 때문이다. 이후 일본, 미국으로 논의가 확대되었다. 축소도시란 지속적인 인구감소로 인해 도시공간의 공급과잉 현상이 발생하는 도시로 정의할 수 있다. 얼핏 보면 축소도시는 도시쇠퇴와 그 의미가 유사한 것으로 생각할 수 있다. 그러나 도시쇠퇴는 도시발전단계에 따라 향후 다시금 도시를 성장하게끔 전환하겠다는 의미가 내포된 반면, 축소도시는 도시의 수축을 받아들이고, 이에 적응하겠다는 태도다. 국토연구원은 우리나라 도시 가운데 인구감소와 주택 등의 공급과잉 현상이 심각한 20개의 축소도시를 선정했다. 축소도시의 공간적 분포는 강원도 3개, 충청남도 3개, 전라북도 4개, 전라남도 2개, 경상북도 7개, 경상남도 1개로 나타나고 있다. 축소도시로 선정된 도시들은 공통적으로 인구감소, 일자리 감소, 빈집증가, 재정자립도 저하, 주민만족도 하락 등의 문제를 안고 있었다.

우리나라 축소도시

구분	축소 도시
고착형 축소도시	태백시, 공주시, 정읍시, 남원시, 영주시, 영천시, 상주시, 밀양시
점진형 축소도시	동해시, 익산시, 여수시, 경주시
급속형 축소도시	삼척시, 보령시, 논산시, 나주시, 김천시, 안동시, 문경시

자료: 국토연구원(2016), 저성장시대의 축소도시 실태와 정책방안 연구

중장기적으로 지방도시의 축소가 숙명이라면 인구유입, 산업유치 등을 위해 무리하게 재원을 쏟을 필요가 없어 보인다. 도시의 축소를 막고자 막대한 예산을 투입하더라도 수도권의 인구가 지방으로 이동할 가능성은 크지 않고, 지방 도시 간 이동이 주로 발생한다면 결국 '제로섬 게임'이 될 수밖에 없기 때문이다. 우리는 지방 소도시의 외곽개발을 통해 결국 도심 공동화 현상과 이웃 도시의 쇠퇴를 여러 차례 지켜봤다.

오히려 도시의 축소를 받아들이고 삶의 질 향상을 추구할 필요가 있다. 많은 예산을 기반으로 한 새로운 도시개발보다는 지역별 고유성과 여건에 맞는 적정 규모의 도시재생과 도시계획이 필요하다. 축소도시의 개발 목표는 다시금 인구를 늘리는 것이 아니라 남아있는 인구의 삶의 질 개선에 있다. 소위 '스마트 축소도시'를 추진할 필요가 있다. 방법과 전략은 다양하게 제시될 수 있으며, 이미 다양한 전문가들의 치열한 논의도 존재하고 있다. 스마트 축소의 키워드로 친환경을 강조하기도 하고, 지역 간의 연계, 주민들의 커뮤니티로 보는 경우도 있다. 일본 등 해외사례를 통해 컴팩트시티를 주창하기도 한다.

지방 도시들에 있어 축소도시는 분명 위기다. 그러나 도시의 축소를 인정하면서 더 나은 도시를 만들 수 있다면 이는 또 다른 측면에서 새로운 기회이기도 하다. 도시와 주택문제에 대한 새로운 인식 전환이 필요한 때다.

PART 4.

건설,

그리고 미래

건설업의 미래,
신뢰회복이 우선

14장 | 건설업의 미래, 신뢰회복이 우선

왜 우리는 건설업을 부정적 이미지로 바라볼까?

사람들은 건설업에 대해 어떤 이미지를 가지고 있을까?

우리가 살고 있는 아파트, 빌라와 같은 집을 짓는 회사? 문화센터, 체육관, 도서관, 상가 등 일상생활에 필요한 건축물을 만드는 주체? 도로, 철도, 공항, 항만, 산업단지 등과 같은 기반시설을 제공해주는 산업? 다양한 이미지를 떠올릴 수 있다. 사실 어느 것 하나 틀린 말이 없다. 건설은 우리가 생활하는 공간이 있기 위해 반드시 필요한 산업이다. 그런 의미에서 건설업은 우리 삶의 중요한 일부분이라고 해도 과장된 말이 아닐 것이다.

그러나, 불행하게도 건설업하면 떠오르는 이미지에는 긍정적인 면보다 부정적인 것이 더 많다.

3D업종, 낙후산업, 부실공사, 부정부패, 환경파괴, 불법하도급, 담합, 폭리… 이 외에도 수많은 부정적 이미지의 단어를 열거할 수 있을 만큼 건설업에 대한 국민들의 인식은 차갑기만 하다. 한국건설산업연구원의 조사에 따르면 90%에 가까운 국민들은 건설업의 이미지가 개선될 필요가 있다고 느끼고 있다.

건설업에 대한 국민 인식
건설업 이미지 개선 필요성

보통이다 10.5%
매우 필요하다 39.0%
다소 필요하다 50.5%

자료: 한국건설산업연구원

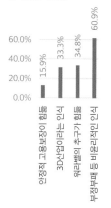

건설업에 대한 부정적인 이미지는 그저 인식으로만 그치는 것이 아니라, 산업현장에서 일자리 기피 현상으로도 나타난다. 건설현장의 고령화는 하루 이틀의 문제가 아니다. 노동인력의 고령화는 중장기적으로 건설업 전반의 아킬레스건으로 작용할 가능성이 크다. 그렇다고 청년층의 건설업 유입을 촉진할 수 있는 뚜렷한 대책도 없다. 3D업종, 낙후업종이라는 인식이 강하기 때문이다. 한때 대학 내에서 최고 인기를 구가하던 건축/토목학과는 인기가 시들해진 것은 물론, 입학성적까지 최하위권으로 전락하고 있다.

잊을 만하면 터져 나오는 부실공사와 안전사고도 심각한 수준이다. 모두의 아픔으로 기억되고 있는 성수대교와 삼풍백화점의 붕괴를 기점으로 부실공사와 안전사고에 대한 경각심을 불러왔다고 여겼지만, 이 또한 작심삼일에 불과했다. 부실시공과 안전불감증에 의한 크고 작은 사고가 지금도 계속해서 발생하고 있다.

성수대교 붕괴

삼풍백화점 붕괴

부정부패의 온상으로 비난받는 경우도 많다. 한국행정연구원은 매년 전국 사업체 종사자들을 대상으로 우리나라 정부부문의 부패심각성에 대해 조사하고 있는데, 건설부문의 부정부패는 늘 최상위권이다. 2019년과 2020년 2년 연속 부정부패가 가장 심각한 분야로 지적되었다. 건설분야의 부패는 처벌보다 이익이 크다는 잘못된 의식구조에서 나오는 경우가 많다. 가장 최근의 사례로는 내부정보를 활용한 투기로 막대한 이득을 얻어 온 국민을 분노하게 만든 한국토지주택공사(LH) 사태가 있었다.

환경오염의 주범이라는 비난에서도 자유롭지 못하다. 건설현장에서 폐기물을 불법매립 하거나 무단방치, 무단 방류하는 사례도 적지 않게 거론된다. 이 밖에도 우리의 얼굴을 찌푸리게 하는 불법하도급, 담합 문제들도 건설업의 고질적인 병폐 중에 하나다.

일부에서는 건설업의 긍정적 역할보다 부정적 사건사고가 지나치게 이슈화되어 있어 건설산업에 대한 국민들의 부정적 인식이 심화되었다고도 한다. 우리나라뿐만 아니라 선진국조차 건설업에 대한 국민

들의 인식은 좋지 못하다고 하며, 이를 산업의 특성으로 치부하기도
한다.

하지만 건설산업에 대한 부정적 인식은 어느 한순간, 특정 사건 때
문에 생겨난 오해가 아니다. 오랜 기간 치부가 하나둘 터져 나오며 누
적되어 온 결과다. 긍정적인 역할이 많음에도 불구하고 이런 부정적 인
식으로 가득한 건설업의 현실이 안타깝지만, 개선과 발전을 위해서라
도 사실 그대로 받아들여야 할 필요도 있다.

신뢰회복 없이는 미래도 없다

건설업은 다양한 환경변화와 사회적 요구에 직면해 있다. 먼저 4차
산업혁명의 새로운 기술혁신의 물결이 몰려오고 있다. 이는 건설업에
있어 새로운 생산방식, 생산기술, 생산요소의 변화를 촉발할 것으로 예
상된다. 그리고 저성장이 일상화된 시대가 다가오고 있다. 주력산업의
성장정체, 대기업 위주의 산업생태계, 생산가능인구의 감소는 건설업
의 저성장 시대를 고착화할 가능성이 크다. 마지막으로 지속가능 성장
에 대한 요구와 중요성이 커지고 있다. 이에 따라 건설산업에 대한 환
경, 사회적 책임, 안전에 대한 요구가 증대될 것이다. 그러나 현재 건설
업은 미래의 환경변화에 대응할 여력이 크지 않아 보인다. 무엇보다 건
설업에 대한 국민의 신뢰가 약하기 때문이다.

신뢰할 수 없는 산업이라는 부정적 인식은 결국 산업 전반에 부정
적 영향을 미친다. 가장 심각한 영향은 국민 생활을 윤택하게 만들어
주는 인프라 투자의 당위성과 대국민 설득의 어려움을 가져올 수 있다
는 점이다. 건설업에 대한 부정적 인식이 팽배한 환경에서는 건설투자
증가가 국민 삶의 질 향상이라는 주장은 단순히 건설업계의 이익을 위
한 주장에 불과한 것처럼 들리게 한다. 더 나아가 우수 인재와 젊은 층
의 진입 감소로 지속가능한 성장은커녕 산업의 생존을 어렵게 할 수도
있다.

건설산업에 대한 부정적 인식의 파급영향

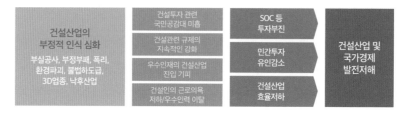

자료: 대한건설단체총연합회

　건설업에 대한 불신의 기간이 긴 만큼 해결도 하루아침에 이루어지지 않는다. 반성과 함께 계속해서 변화의 모습을 보여주는 수밖에 없다. 즉, 신뢰할 수 있는 산업이라는 점을 꾸준히 어필해야 한다. 무엇보다 기본부터 하나씩 회복하는 것이 중요하다. 그런 측면에 우선순위를 두고 현재 건설산업이 가장 시급하게 해결해야 할 문제가 무엇인지 파악하고 개선해나가야 할 것이다.

　국민에게 사랑받는 산업, 신뢰할 수 있는 산업이 되기 위해서는 어디서부터 어떻게 변화해야 할까? 하나하나 바꿔가야 할 것이 너무나 많겠지만, 여기에서는 크게 3가지를 이야기하고자 한다. 그간 건설업이 안전을 최우선으로 추구했는지, 공정한 룰을 지켜왔는지, 그리고 혁신을 위해 변화했었는지 살펴보자. 이에 대한 반성과 함께 건설산업이 고쳐나가야 할 부분도 고민해보자.

신뢰회복을 위한 첫 단추: 안전한 건설

　2019년 7월 잠원동 건물붕괴 사고(1명 사망, 3명 부상), 2020년 4월 이천 한익스프레스 물류창고 화재 사고(38명 사망, 10명 부상), 2021년 6월 광주광역시 재개발사업 철거건물 붕괴사고(9명 사망, 8명 부상)… 최근 건설현장에서 끊임없이 전해진 안타까운 사고소식이다. 특히, 광주에서 발생한 붕괴사고는 근처를 지나가던 시내버스를 덮쳤고, 이 영상을 본 많은 국민들은 허탈함을 넘어 안전관리를 제대로 하지 못한 건설사에 분노했다.

건설업은 특성상 외부 작업이 많고 다수의 장비와 인력이 복합적으로 투입되어 있어 안전사고의 위험에 상시적으로 노출돼 있다. 건설현장의 현실이 이렇다고 안전사고에 대한 변명이 되지는 않는다. 사고의 원인을 파고 들어가면 결국은 현장을 제대로 관리하지 않았거나, 책임을 전가했기 때문이다. 흔히 이야기하는 '인재'가 안전사고 원인의 대부분을 차지한다.

통계를 봐도 건설업에서 안전사고가 얼마나 심각한지 알 수 있다. 2020년 기준 전체 산업재해 사고사망자 882명 가운데 건설업에서 458명이 발생했다. 이는 산업재해 사고의 절반이 넘는 비중을 차지하고 있는 수치다.

산업재해 사고사망 통계

자료: 고용노동부

업종별 사고사망 통계(2020년)

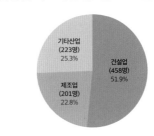

자료: 고용노동부

특히, 건설공사 안전사고는 공사규모와 공사금액이 적은 현장일수록 빈번하게 발생한다. 공사금액 3억 원 미만의 사업장에서 41.4%, 3억 이상 ~ 10억 원 미만이 23.6%로 소규모 공사 현장의 안전관리가 미흡하다는 것을 알 수 있다. 소규모 공사의 경우 대형 공사 현장에 비해 관리가 취약하며, 안전에 대한 인식 역시 부족한 상황 탓이다. 각종 법령으로 대형 사업장에 대해서는 안전 관련 규정을 강화한 반면, 소규모 사업장은 그렇지 못해 안전관리의 사각지대에 놓여 있다. 또한 현행 법률에서는 일정규모 이하의 건축물에 대하여 무등록업체의 시공을 예외적으로 허용하고 있다. 이러한 예외적 허용은 무등록업체의 양산, 부실시공, 탈세 등으로 이어져 사회적 비용을 증가시키고 있다. 일반 국민들이 흔히 경험할 수 있는 인테리어 공사의 경우 특히, 무등록업체의 시공이 많으며, 이는 계약불이행이나 하자발생 등의 갈등으로 번지기도 한다.

건설업 안전사고 예방을 위해 수많은 정책들이 쏟아져 나오고 있다. 사고 유형별 안전기준을 마련하기도 하고, 건설기계나 위험물 취급에 대한 가이드라인을 보급하여 안전사고 감소 방안이 제시되기도 한다. 그러나 건설업의 안전사고는 줄어들지 않고 있다. 타 산업이 강화된 규제로 매년 안전사고가 감소하고 있는 것과는 대조적이다. 급기야 최근에는 '중대재해 처벌 등에 관한 법률'까지 제정되었고, 불법하도급에 따른 인명 피해 발생 시 최대 무기징역으로 처벌을 강화하기에 이르렀다. 규제와 처벌이 능사는 아니지만, 그만큼 안전사고의 경각심을 일깨우는 취지라고 볼 수 있다.

우리나라는 1980년 이후 아파트를 비롯하여 사회기반시설들이 집중적으로 건설되기 시작했다. 현재는 이러한 시설물들의 노후화가 시작되었고 시간이 지날수록 노후화된 시설물은 기하급수적으로 증가할 것으로 보인다. 이는 노후시설물에서 안전사고의 발생 가능성이 크기 때문에 안전에 대한 투자가 더욱 중요한 시점에 와 있다는 의미이기도 하다.

선진국을 중심으로 안전에 대한 관심이 커지면서 인프라 투자가 증가하고 있다. 미국 국토안보부는 국민의 안전을 위협하는 가장 큰 적을 테러가 아닌 부실한 국토 인프라로 지적하면서, 2027년까지 최소 1조 5천억 달러 규모의 인프라 투자를 계획하고 있다. 영국 정부는 튼튼한 경제, 공정한 사회를 위해 인프라 투자의 중요성을 역설하면서 긴축재정하에서도 안전과 관련된 인프라 예산은 지속적으로 증가시키고 있다. 일본은 노후 인프라 종합대책과 인프라 장(長)수명화 기본계획을 수립·시행하고 있다.

중대재해 처벌법

중대산업재해와 중대시민재해가 발생한 경우 사업자와 경영책임자, 공무원 및 법인을 처벌함으로써 중대재해사고를 예방할 목적으로 제정했다. 2022년 1월부터 시행 예정이다.

공공 SOC 노후화 비중추이

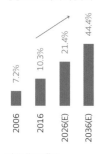

2006	2016	2026(E)	2036(E)
7.2%	10.3%	21.4%	44.4%

자료: 국토교통부

다행스러운 것은 우리 정부와 기업 역시 안전 관련 예산과 기술개발을 위해 노력을 기울이고 있다는 점이다. 노후 기반시설 관리를 위한 '지속가능한 기반시설관리법'이 제정되어 노후 인프라를 총괄 관리할 수 있는 기틀이 마련되었다. 이는 시설물의 생애주기(Life-Cycle) 관점을 고려하여 선제적이고 계획적인 유지관리로의 정책적 패러다임이 변화했다는 점에서 시사하는 바가 크다.

기업들의 안전의식도 서서히 개선되고 있다. 대형 건설사를 중심으로 중대재해 근절을 위한 안전혁신 선포식을 개최하기도 하고, 스마트 안전기술 개발, VR 등을 활용한 장비안전 교육프로그램 도입 등 다양한 안전사고 예방 조치가 그 예다. 다만, 실제 안전사고가 많이 발생하는 중소건설사는 마땅한 대안을 마련하지 못하고 있는 것은 여전히 문제점으로 지적되고 있다. 정부는 안전사고 예방 조치가 소규모 건설현장에 전파될 수 있도록 기술과 재정을 지원해야 한다. 소규모 건설공사 현장에 안전관리비가 제대로 전달되어 집행될 수 있도록 관심을 가져야 한다. 그리고 안전한 건설현장을 위해서는 지원과 처벌이라는 당근과 채찍이 병행되어야 할 것이다.

신뢰가 중요한 시대다. 세월호 참사, 경주·포항 지진 등을 겪으면서 안전에 대한 국민적 관심이 어느 때보다 높아졌다. 정부와 기업은 안전을 최고 가치로 두고 현장관리와 기술개발에 힘써야 한다. 안전에 대한 투자는 단기적으로 성과가 나지 않을 가능성이 크다. 하지만 미래를 위한 투자라는 인식이 필요하다. 그것이 건설업의 지속가능성을 높이는 최고의 지름길이다.

기반시설관리법
압축성장기에 건설된 국가 주요 기반시설이 노후화됨에 따라 기반시설에 대한 전략적 투자와 관리방식을 도입함으로써 안전사고 방지, 시설수명의 연장을 도모하기 위해 제정했다. 2020년부터 시행하고 있다.

신뢰회복을 위한 두 번째: 공정한 건설

"입찰과 담합을 둘러싼 치열한 암투, 정치인·공무원 등에게 제공되는 뇌물과 향응, 하도급사에 대한 온갖 횡포와 단가 후려치기…"

영화와 드라마에서는 조직 폭력배나 비리가 연루된 기업을 '○○건설', '○○개발'로 설정하는 경우가 많다. 최근에는 힘과 거래관계에서의 우위를 이용한 소위 '갑질'을 일삼는 주체 역시 건설업으로 치부되기도 한다. 성실히 기업을 운영하는 입장에서는 억울할 일일 수 있지만, 건설업에 대한 부정적 인식 탓으로 대중들에게 스토리의 개연성을 높이기 위해 이 같은 설정을 하는 것이다.

앞서 언급했듯이 건설업은 부정부패가 심한 산업, 갑질이 판치는 불공정 산업으로 인식되는 경우가 많다. 실제로 건설업 부패는 정부부문과 민간을 가리지 않고 발생하며, 공사단계마다 끊임없이 나타나는 것으로 알려져 있다. 문제는 이러한 악습이 과거에 비해 줄어들기는 했으나, 여전히 지속하고 있다는 점이다.

건설업에서 부정부패를 비롯한 갑질 등의 불공정 행위가 빈번하게 발생하는 이유는 수주산업이라는 건설업 특성과 더불어 참여자들의 도덕적 해이, 경직된 제도 등이 복합적으로 작용한 결과다.

건설업은 수주산업이다. 건설시장 수요자는 완성된 시설물을 구입하는 것이 아니라 기업의 브랜드, 설계, 입지를 기반으로 사전에 주문하는 형태로 구매활동이 이루어진다. 계획에서 준공까지 긴 기간이 소요되며, 공사단계에서는 공종별로 많은 기업들이 참여한다. 이 과정에서 상대적으로 정보와 힘의 우위에 있는 기업은 자신의 이윤추구를 위해 수요자 또는 하위 단계에 있는 기업에 대해 불공정 행위를 일삼는 경우가 있다.

건설산업 참여자들의 잘못된 의식관행으로 인한 도덕적 해이도 문제다. 부정행위로 인한 이득이 처벌보다 크다고 인식하는 경우가 많고 적발될 확률도 떨어진다고 생각한다. 이는 입찰과정에서의 뇌물과 담합, 명의대여 등이 빈번하게 발생하는 이유이기도 하다.

복잡한 생산구조는 주인의식 결여와 책임소재의 전가로 이어지기도 한다. 이는 부실설계, 부실시공, 부실감리 등으로 이어지고 이 과정에서 구조적인 부조리가 발생하게 된다. 경직된 제도 역시 불공정을 유발하는 요인이 된다. 현행 공공공사 입·낙찰제도는 기술보다 가격에 의해 선정되는 구조다 보니 낮은 금액을 제시하는 기업이 낙찰받을 확률이 높다. 적정 공사비 이하로 공사를 하게 되면 결국 부실, 불공정, 담합 등이 자연스레 생겨날 수밖에 없다.

분절된 관리감독 체계도 문제가 된다. 시공과정에서 국토교통부는 물론, 산업통상자원부, 환경부까지 연관되어 있다. 다원화된 현행 체제에서는 발주자의 권한이 남용될 우려가 커지고 이에 따른 불공정이 역시 늘어날 수밖에 없는 구조다.

건설업에서 공정하고 투명한 문화를 정착시키는 일은 매우 중요하다. 완벽한 해결책은 아니지만 분명 줄일 수 있는 방법은 있다. 대부분의 부정부패와 불공정은 결국 돈과 연관되어 있기 때문이다. 발주자는 제값을 주고 제대로 된 품질의 목적물을 공급받고, 건설업체는 자신의 역량껏 공사를 수행하고 하도급사를 동반자로 인식하는 것이다. 실제 건설업체를 대상으로 한 설문조사에서 불공정행위가 유발되는 원인이 부족한 공사비와 발주자 우위의 계약관행이라는 응답이 가장 높게 나타나고 있다.

건설업 불공정행위 유발 요인

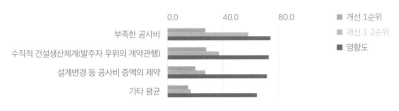

자료: 국토연구원(2016), 건설공사 참여자 간 불공정거래 관행 개선방안

그런데 공공공사의 경우 국민 세금이 쓰이는 구조라 마냥 공사비를 많이 줄 수도 없고, 또 그렇게 해서도 안 된다. 기술과 역량은 뒤로한 채 가격 위주로만 사업을 평가하는 방식에서 변해야 한다. 적정한 공사비는 품질 향상은 물론 건설과정에서 발생하는 여러 가지 병폐를 해소할 수 있는 가장 좋은 방안이다. 적정공사비를 확보할 수 있는 환경을 조성하되, 그럼에도 불구하고 불공정 행위가 발생한다면 지금보다 더욱 강력한 제재를 가할 필요가 있다. 또한, 건설업체 스스로도 건전한 생태계 조성을 위해 기업 스스로 공정한 건설문화 정착을 위한 노력이 필요하다.

신뢰회복을 위한 세 번째: 혁신적 건설

4차 산업혁명 핵심 프로세스
AI(인공지능)로 구현되는 "지능"과 ICBM에 기반한 "정보"가 결합

AI
인공지능
판단/추론

+

ICBM
IOT: 데이터수집
클라우드: 데이터축적
빅데이터: 데이터분석
모바일: 데이터전송

↓

로봇
자동차/드론
슈퍼컴퓨터
ICT 디바이스

자료: 미래창조과학부

2016년 다보스포럼을 통해 4차 산업혁명이라는 화두가 던져졌다. 포럼에서는 현재 우리는 4차 산업혁명 단계에 접어들고 있으며, 미래는 혁신적이고 파괴적인 변화를 가져올 것이라는 점을 강조했다. 그 이후 우리 사회에서는 산업을 가리지 않고 4차 산업혁명에 대한 열띤 논의가 이어졌다. 여기에 코로나19 팬데믹까지 겹치면서 기술혁신에 대한 요구는 더욱 거세지고 있다.

4차 산업혁명은 인간의 인지, 학습, 추론 등 고차원적 정보 처리 활동을 ICT 기반으로 구현하는 기술을 의미한다. 인공지능(AI)에 데이터 활용 기술인 사물인터넷(IoT), 빅데이터(Big data), 클라우드(Cloud), 모바일(Mobile)이 결합한 새로운 패러다임으로 AI+ICBM으로 압축되어 표현되기도 한다. 여기서 각 요소들은 하나의 독립적인 기술이면서도 융복합되어 상호작용한다. 인터넷에 연결된 수많은 사물인터넷(I) 기기들의 수집한 데이터는 클라우드(C)에 모인 후 빅데이터(B) 분석을 통해 의미 있는 정보로 만들어진다. 과거에는 알 수 없었던 새로운 정보를 언제 어디서나 모바일(M)로 공유하면서 새로운 가치를 창출한다.

건설업 역시 수년 전부터 4차 산업혁명과 관련되어 다양한 논의가 지속하고 있다. 그러나 한편에서는 회의적인 생각이 없지도 않다. 건설업은 노동집약적 성격이 강한 전통산업으로 그간 기술혁신과는 왠지 모를 거리감이 느껴지기 때문이다. 4차 산업혁명을 이야기하기 전에 과연 컴퓨터와 인터넷 기반의 3차 산업혁명조차도 건설산업 분야에서 제대로 구현되는지 의문이 드는 경우조차 있다. 최근에는 정부주도로 R&D(로봇 자동화 시공, 3D 프린팅, 드론 기반 진단/감리 등)가 진행되고 있으며, 일부 대기업을 중심으로 스마트 건설기술의 개발과 적용을 눈앞에 두고 있다.

그러나 건설업의 98% 이상을 차지하는 중소 및 전문건설기업의 준비는 거의 전무한 상황이다. 이들은 여전히 일감을 확보하고 현장에서 설치, 조립, 시공하는 데에 급급하다. 인공지능, 클라우드, 빅데이터는 일부 대기업이나 여유 있는 기업의 이야기로 치부하기도 한다. 한국건설산업연구원의 조사에 따르면 4차 산업혁명과 관련하여 스마트 건설기술을 도입하고 있는 기업은 1.8%에 불과한 것으로 나타났다. 1.8%에 의미를 둘 수도 있겠지만, 여전히 대다수의 건설기업에 4차 산업혁명은 먼 나라 이야기로 들릴 수밖에 없다.

스마트 건설기술 도입 현황

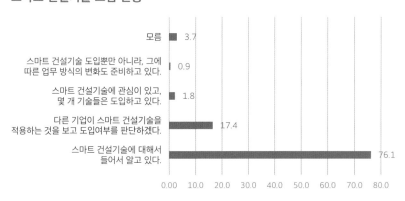

자료: 한국건설산업연구원(2020), 2030 건설산업의 미래와 수요

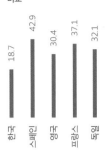

국가 간 건설업 노동생산성
비교

42.9

37.1

30.4

32.1

18.7

한국 일본 영국 미국 독일

자료: 국토교통부

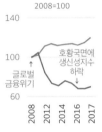

건설업과 제조업의 생산성
추이

2008=100

140

호황국면에
생산성지수
100   하락
↑
글로벌
금융위기
60
2008 2012 2014 2016 2017

── 제조업 ── 건설업

자료: 산업은행

방법과 수단이 어떻든 건설업의 변화는 필수적이다. 기술구현의 방법이 3차 산업혁명이든 4차 산업혁명이든 중요치 않다. 변해야 한다는 것은 틀림없는 사실이다. 무엇보다 문제가 되는 것은 건설업의 생산성이 지나치게 낮다는 점이다. 이는 기존 생산방법과 구조에 문제가 있다는 것을 의미한다. 우리나라 건설업 생산성은 선진국의 60% 수준에 불과하다. 제조업과 비교하면 글로벌 금융위기 이후 지속해서 하향 추세에 있는 것을 확인할 수 있다.

세계적인 추세 역시 건설업의 변화를 요구하고 있다. 미국, 중국, 일본, 독일, 영국 등 해외 주요 국가는 경제구조혁신, 일자리 창출, 산업경쟁력 제고를 위하여 건설산업을 포함한 디지털 산업혁신 정책을 수립해서 추진 중이다. 디지털 혁신 정책을 추진하기 위한 수단으로 건설산업과 제조업 등을 연계하여 부가가치를 높이는 전략을 채택하고 있는 것이다.

우리 정부도 한국판 뉴딜의 일환으로 디지털 경제를 핵심 의제로 채택했다. 포스트코로나 시대 경제도약을 위한 한국판 뉴딜은 디지털 뉴딜, 그린 뉴딜, 사회안전망 강화에 초점을 두고 2025년까지 160조 원을 투자하여 디지털 기반 경제구조 혁신과 지속가능한 일자리 창출을 목표로 하고 있다.

세계 주요국의 디지털 산업혁신 정책 내용

 (디지털) 첨단제조 전략계획: 5G, 첨단제조업, 사이버보안 등 첨단 산업육성 정책 시행
(건설) 첨단제조 전략계획에 따른 스마트시티 계획 및 민간 기업(Procore, Kattera, 기타 스타트업 등) 중심 대응

 (디지털) 디지털 차이나: 디지털 산업, 디지털 문화, 디지털 공공서비스 추진
(건설) 중국제조 2025에 따른 IT와 제조업의 융합 정책 → 건설산업 파생효과 기대

 (디지털) IT 신전략(세계 최첨단IT 국가창조 선언): G20에 의한 국제적 대응, 사회 전체 디지털화, 사회실현&인프라 재구축
(건설) I-Construction 정책에 따른 건설생산 프로세스의 ICT 활용을 통한 '25년 생산성 20% 향상 목표

 (디지털) 국가 산업전략 2030: 비즈니스 환경 개선, 미래 먹거리 기술 개발, 독일의 기술 자주권 유지
(건설) 하이테크 전략(인더스트리4.0 전략, 디지털 전략 2025)에 따른 스마트 팩토리의 파생 효과 기대

 (디지털) Creative Industry: 기술을 활용해 新부가가치 상품을 생산하는 크리테크(Createch)·창조산업 클러스터 추진
(건설) Construction 2025에 따른 스마트건설과 디지털 디자인을 통한 건설분야 수출입 격차 50% 감소 목표

자료: 대한건설정책연구원(2020), 디지털경제 가속화에 따른 건설산업 혁신방안

　　4차 산업혁명, 기술진보를 통한 건설업의 혁신적 변화는 많은 고비를 넘겨야 자리 잡을 수 있다. 그 과정에서 난관에 부딪칠 가능성도 상당하다. 기술혁신, 디지털화, 스마트화가 건설산업 내부로 침투되는 속도가 타 산업에 비해 느릴 가능성도 있지만, 장기적으로 건설산업의 변화 방향도 명확하다. 선택의 여지가 없이 건설업의 혁신은 필수적인 시대가 되었다.

메가 프로젝트: 한국판 뉴딜

뉴딜(New Deal)은 사회, 경제적 위기해결을 위해 정부의 적극적인 개입에 대한 국민과의 새로운 합의를 의미한다. 1930년대 루스벨트 대통령은 연방정부의 적극적인 개입과 재정지출을 통해 대공황의 과감한 해결책을 마련하는 취지로 뉴딜을 제시하였다. 일반적으로 뉴딜 정책은 3단계로 구분된다. 먼저 1단계에서는 저소득층의 소득지원, 공공 근로사업 등의 일자리 제공, 정부주도형 SOC를 통한 경제의 빠른 회복을 이루는 것이다. 2단계는 최저임금, 실업급여 등 사회보장 안전망을 확충하는 데 목표가 있다. 마지막 3단계 뉴딜은 단순한 경제회복을 넘어 시스템 개혁(3R: Relief → Recovery → Reform)까지 이루어내는 것이다.

2020년 문재인 정부는 '대한민국 대전환'을 위해 한국판 뉴딜을 발표했다. 추격형 경제에서 선도형 경제로, 탄소의존 경제에서 저탄소 경제로, 불평등 사회에서 포용사회로, 대한민국을 근본적으로 바꾸겠다는 의지를 담아냈다.

한국판 뉴딜은 단기적으로 코로나19 극복을 위해 추진되고 있지만, 결국은 우리 사회의 거대한 변화의 물결을 선도하고자 추진되고 있다. 그렇기에 한국판 뉴딜의 큰 축은 디지털뉴딜과 그린뉴딜을 통한 사회 안전망 강화로 설정하고 있다. 단군 이래 최대 프로젝트로 이전의 4대강 사업, 도시재생 프로젝트 등과 비교해서도 금액, 규모, 목표 등이 압도적이다. 한국판 뉴딜은 2025년까지 총 160조 원을 투입하여 일자리 190만 개를 만든다는 구상이다.

세부적으로 디지털 뉴딜은 58.2조 원 규모로 DNA 생태계 강화, 디지털 포용 및 안전망 구축, 비대면 산업 육성, SOC 디지털화 등 4개 분야 12대 과제가 제시되었다. 그린뉴딜은 도시·공간·생활인프라 녹색전환, 녹색산업 혁신 생태계 구축, 저탄소·분산형 에너지 확산 등 3개 분야 8대 과제로 73.4조 원이 책정되었다. 사회안전망 강화에도 28.4조 원을 투입하여 고용 지원, 산업안전 개선 등의 혁신을 목표로 하고 있다.

대규모의 재정이 투입되기에 한국판 뉴딜의 실효성에 대한 비판도 있다. 산업별로 이해관계 역시 존재한다. 이는 실행과정에서 유연하게 보완, 발전 시켜 나가야 한다. 기대가 크기 때문에 자칫 큰 실망으로 다가올 수도 있다. 또한 과거 수많은 경제활성화 정책의 실패를 답습하면 안 된다. 그렇기에 후속 실행방안과 적극성이 어느 때보다 긴요하다. 정부주도 사업이나 민간의 참여 역시 무엇보다 중요하다. 민간의 호응과 투자에 성패가 결정될 수도 있다.

한국판 뉴딜은 코로나19 팬데믹으로 인한 경제충격을 극복하고 새로운 미래변화에 대응하는 국가전략 프로젝트다. 똑똑한 나라, 그린 선도국가, 보호받고 따뜻한 나라가 최종 목표다. 이 프로젝트가 성공하는 그날을 그려보자.

2022년까지 총사업비 67.7조 원(국비 49.0조 원) 투자, **일자리** 88.7만 개 창출	

2025년까지 총사업비 169.0조 원(국비 114.1조 원) 투자, **일자리** 190.1만 개 창출	

한국판 뉴딜

디지털 뉴딜

① D.N.A. 생태계 강화	② 교육 인프라 디지털 전환	③ 비대면 산업 육성	④ SOC 디지털화

그린 뉴딜

⑤ 도시, 공간, 생활 인프라 녹색 전환	⑥ 저탄소, 분산형 에너지 확산	⑦ 녹색산업 혁신 생태계 구축

안전망 강화(고용·사회안전망 + 사람투자)

분야별 총사업비(국비)(~2025년, 조 원)

디지털 뉴딜 58.2(44.8)
그린 뉴딜 73.4(42.7)
안전망 강화 28.4(26.6)
160.0조 원 (114.1조 원)

분야별 일자리(~2025년, 만 개)

디지털 뉴딜 90.3
그린 뉴딜 65.9
안전망 강화 33.9
190.1만 개

총투자계획(총사업비(국비), 조 원)

구분	'20추경 ~ '22	'20추경 ~ '25
합계	67.7 (49.0)	160.0 (114.1)
① 디지털 뉴딜	23.4 (18.6)	58.2 (44.8)
② 그린 뉴딜	32.5 (19.6)	73.4 (42.7)
③ 안전망 강화	11.8 (10.8)	28.4 (26.6)

일자리 창출(일자리, 만 개)

구분	'20추경 ~ '22	'20추경 ~ '25
합계	88.7	190.1
① 디지털 뉴딜	39.0	90.3
② 그린 뉴딜	31.9	65.9
③ 안전망 강화	17.8	33.9

* 총사업비 160.0조 원(국비 114.1조 원, 지방비 25.2조 원, 민간 20.7조 원)

자료: 관계부처 합동(2020), 한국판 뉴딜 종합계획

건설업계에 부는
변화의 바람

15장 | 건설업계에 부는 변화의 바람

거스를 수 없는 변화의 물결

얼마 전 세상을 떠난 엘빈 토플러의 역작 '제3의 물결'은 지금까지도 미래의 담론을 펼친 도서 중 단연 최고 중에 하나로 꼽히고 있다. 이 책은 1980년에 출간되었지만, 책 내용 속에는 정보화혁명, 태양광과 수소에너지, 전자주택과 같은 이야기가 담겨 있으니, 그의 분석력과 통찰력이 얼마나 탁월한지 가늠할 수 있다. 40년 전 그가 언급한 대부분의 미래에 대한 예측이 현재 실현되었고, 우리는 그 이상으로 고도화된 환경 속에 살고 있다.

엘빈 토플러의 표현대로라면 우리는 제3의 물결을 넘어 제4의 물결을 맞이하고 있다. 먼 훗날 지금 시기를 제3의 물결의 연장선으로 볼 수도 있겠지만, 확실한 것은 현재 우리는 정보화혁명과는 비교할 수 없는 새로운 기술혁명 시대의 문턱에 서 있다. 산업과 첨단기술이 융합되어 에듀테크, 핀테크, 어그테크, 프롭테크와 같은 새로운 산업이 생겨나고 있다. 인공지능과 ICT기술의 발달로 초지능화, 초연결사회로의 진입을 눈앞에 두고 있다.

엘빈 토플러
지금까지도 세계에서 가장 유명한 미래학자로 꼽히고 있다. 2001년에는 우리나라 정부의 의뢰를 받아 '21세기 한국비전'을 발표하기도 했다.

변화는 우리의 삶을 조금 더 이롭고 편리하게 만들어 준다. 그러나 변화의 초기에는 늘 인내와 고통이 수반된다. 산업구조의 고도화는 기존 일자리를 감소 시켜 혼란을 야기하기도 한다. 기술변화를 따라가지 못하는 사람들은 낙오될 수도 있다. 또 기술의 발전은 해킹과 사생활 침해와 같은 위험을 증가시키기도 한다. 그렇지만 새로운 변화의 조류는 속도의 차이가 있을 뿐 결국 오고야 마는 경우가 대부분이다. 그렇기 때문에 우리는 변화에 대비하고 앞서 나아갈 필요가 있는 것이다.

2019년 대통령 직속 '4차산업혁명위원회'는 4차 산업혁명 대정부 권고안을 발표하였다. 교육, 노동의 사회혁신, 제조, 금융 등의 산업혁신을 이야기하고 있다. 그중 마지막 문단을 소개하고자 한다. 권고안에는 변화에 대한 비장함까지 녹아있다.

4차산업혁명위원회
4차산업혁명 도래에 따라 국가전략과 산업기술 활성화를 위해 2017년 대통령직속기구로 설치했다. 현재 위원회 산하에 3개의 특별위원회(데이터, 스마트도시, 디지털헬스케어)를 두고 있다.

산업혁명 이후 지난 2백여 년을 돌아보면, 대한민국은 누구도 눈여겨보지 않는 후발주자였다. 그렇지만, 효율성에 기반한 패스트 팔로어(Fast Follower) 전략으로 눈부신 성과를 이뤘다. 정부가 전략 분야를 선정하고 국가 전체가 강력하게 밀어붙여 산업을 성장시켰다. 미래 예측에 기반한 계획과 중앙집중적인 추진력을 통해 이뤄낸 성과다. 하지만, 단기간에 급속한 발전을 이끈 패스트 팔로어 전략이 한계를 드러내고 있다. 산업과 경제에 그치지 않는다. 사회, 제도, 과학기술 등 모든 영역에서 혁신과 개혁의 목소리가 높다.

4차 산업혁명 시대의 문은 이제 막 열렸다. 선도국과 비교할 때 분명한 격차가 있는 것은 사실이지만 아직은 크지 않다. 대한민국은 역사상 처음으로 선진국들과 같은 선에서 경쟁을 시작하게 됐다. 퍼스트 무버(First Mover)가 될 수 있는 기회를 잡은 셈이다. 퍼스트 무버가 되기 위해서는 지난 시간의 성공전략과 신화를 과감하게 떨쳐내야 한다. 변화는 늘 두렵고 힘들다. 하지만 스스로 변화하지 못하면 결국 변화를 강요받게 된다.

퍼스트 무버가 될 수 있는 처음이자 마지막 문이 점점 닫히고 있다. 고작 수년이 남았다. 지난 2백여 년 우리가 어쩔 수 없이 바뀌어야 했다면, 이제는 스스로 바꿀 시기이다. '따르는 자가 아니라, 이끄는 자'가 되어야 한다.

사회·기술적 거대한 변화 앞에 건설업 분야에도 이전에 없었던 다양한 시도들이 나타나고 있다. 건설업에도 4차 산업혁명 관련 기술들이 개발되고 있으며, 이런 기술들이 현장에 적용돼 활용하는 사례까지도 나타나고 있다. 크게 주목받지 못한 영역들이 다시금 꽃을 피우는 경우도 있다. 여기서는 최근 건설업계에 부는 새로운 변화의 물결을 알아보고자 한다.

탈(脫)현장화, 모듈러 건축의 진화

2017년 맥킨지 보고서에는 글로벌 건설업 생산성이 전체 산업 가운데 가장 낮다는 충격적인 결과가 발표되었다. 더욱이 우리나라 건설업 부가가치는 스페인 대비 44%, 프랑스 대비 50%, 영국 대비 62% 수준으로 나타나, 주요 선진국에 비해서 생산성이 매우 낮다고 조사되었다. 한국생산성본부 역시 최근 10년간 산업별 생산성 분석결과, 건설업은 제조업뿐만 아니라 농림어업에 비해서도 낮은 생산성 증가율을 보인다고 했다.

이처럼 건설업 생산성이 낮은 이유는 복합적이다. 생산성이 제대로 발휘될 수 없는 제도적 환경도 있을 테고, 설계나 시공의 기술경쟁력 자체가 부족한 것도 원인일 수 있다. 최근에는 현장에 기반을 둔 노동집약적 산업구조를 낮은 생산성과 결부시키는 경우가 많다. 기능인력의 고령화와 숙련공의 부족에 따라 노동생산성이 떨어지고 있다는 것이다. 또한 현장 여건에 따라 작업환경이 크게 달라져 공사기간과 비용이 제각각인 것도 문제다. 현장에서 발생하는 폐기물, 미세먼지와 소음 등의 환경적인 요인도 갈등을 유발하는 원인이 된다. 이는 표준화된 상품을 공장에서 생산하여 일정한 원가를 유지하는 제조업의 상황과 대조적인 모습이기도 하다.

이런 건설업의 문제점을 극복하기 위해 선진국을 중심으로 제조업과의 접목, 협업을 강화하고 있다. 즉, 건설현장 이외에서 생산이 이루

**용인시 기흥구 모듈러 경기
행복주택**

자료: 아주대학교

자료: 현대엔지니어링,
GH경기주택도시공사

어지는 방식인 OSC(Off-Site Construction)가 주목받고 있는 것이다. OSC는 건설과 제조를 결합하는 방식으로 생산성 관점에서 제조업의 장점을 살릴 수 있는 특성이 있다. 구체적으로 살펴보면, 자동차와 같은 생산라인에 규격화된 자재와 부품으로 균일한 품질의 유닛을 생산할 수 있다. OSC의 활성화로 공장생산을 통해 현장생산의 문제로 지적되는 환경오염이나 주민 간의 갈등 등도 줄일 수 있다.

건설업계에서 OSC의 대표적인 생산방식은 **모듈러 건축**이다. 사실 모듈러 건축이 전혀 새로운 것이라고 할 수는 없다. 우리나라에서는 1기 신도시 건설이 한창이던 지난 1992년 빠른 주택 공급을 위해 PC(Precast Concrete) 공법을 아파트 건설에 대규모로 도입했고, 그것이 OSC의 유래로 인정받고 있다. 이후 2000년대 들어 학교, 군대 막사 공사 등을 중심으로 모듈러를 적용한 건축물이 증가하기 시작했고, 최근에는 용도가 다양해지면서 경량철골 부재를 주로 사용하는 유닛 모듈러 기술이 보편화되기 시작했다.

모듈러 건축은 콘크리트를 활용한 기존 건축방식과는 다르게 공장에서 생산된 박스형 구조체를 레고 블록처럼 조립하는 형태다. 초기에는 단독주택이나 저층 주거시설에 활용됐지만, 기술발전으로 인해 이제는 30층 이상의 고층건물까지 지을 수 있게 되었다.

코로나19 사태로 비대면 문화가 자리 잡으며 모듈러 건축은 더욱 주목받고 있다. 탈현장화의 주요 수단이기 때문이다. 모듈러 건축 시장 규모도 지금보다 더욱 커질 것으로 전망된다. 국토교통부는 2020년 709가구에 불과했던 모듈러 주택 발주를 2021년 2,200가구, 2022년에는 2,500가구까지 확대하기로 했다. 모듈러 제작업체 역시 중소기업이 주를 이루고 있으나, 최근에는 GS건설을 필두로 대형건설사들이 모듈러 사업을 강화하고 있다.

모듈러 건축은 기존 콘크리트 방식에 비해 역사가 짧고 적용사례도 미약한 수준이다. 그럼에도 불구하고 건설업이 처해 있는 다양한 문제점을 해소하는 하나의 수단이 될 수 있다는 것은 분명하다. 최근 기술

개발이 지속해서 이루어지고 있어 진보된 모듈러 건축물은 더욱 증가할 것으로 보인다. 4차 산업혁명 기술과 결합하여 자동화 기술이 정착되면 생산성 향상은 더욱 커질 수 있다. 모듈러 건축의 진화를 주목해야 할 이유다.

스마트 건설시대, 콘테크(Con-Tech) 기업의 등장

엔젤스윙, 텐일레븐, 어반베이스, 플럭시티, 가다, 엘리콘, 산군, 아키엠… 아마도 여러분에게는 생소한 이름일 것이다. 이름만 봐서는 도대체 무슨 일을 하는 기업인지 짐작하기 어렵다.

위에 나열한 기업들은 최근 주목받고 있는 콘테크(Con-Tech) 스타트업이다. 스마트, 디지털 건설이 대두되면서 새롭게 등장한 개념이 '콘테크(Con-Tech)'다. 콘테크는 건설(Construction)과 기술(Technology)의 합성어로, 건설 공정을 디지털화해 생산성을 높이는 각종 혁신기술을 개발하는 회사나 플랫폼을 의미한다. 콘테크는 아직 우리에게는 낯설고 성과도 미약한 수준이지만, 이들의 성장성이나 잠재 가치는 웬만한 건설기업보다 높게 평가받고 있다.

콘테크 기업들은 건설 프로세스에 디지털 기술을 접목하여 비효율을 해결하고, 생산성 혁신을 목표로 한다. 3D프린팅, AI, 빅데이터 등 디지털 기술 외에도 모듈러 시공, 드론 측량 같은 신기술 공법으로 중무장하고 있다. 콘테크는 북미시장을 중심으로 바람을 일으키며 세계적으로 확산하기 시작했다. 콘테크 관련 미국 스타트업은 2011년에는 2개에 불과했으나 2018년 2,156개로 급증했고, 투자금액도 60억 달러를 넘어서고 있다. 세계적인 건설혁신 아이콘으로 자리매김한 카테라(Katerra), 프로코어(Procore), 엔드투엔드(End-to-End)가 대표적이다.

카테라(Katerra)는 모듈러 건축 분야의 선두주자로 한때 스마트 건설 분야의 대명사로 불렸다. 테슬라의 전 CEO 마이클 마크스가 설립하고, 소프트뱅크로부터 20억 달러(2조 2천억 원) 이상의 투자를 받은

콘테크(Con-Tech)
코로나19로 인한 언택트 기술의 수요증가, 디지털 뉴딜, 4차산업혁명 등에 따라 향후 더욱 활성화될 것으로 기대된다.

것으로도 유명하다. 그러나, 공격적인 성장 전략으로 부채가 늘어났고 코로나19의 여파로 경영악화가 심화되어 결국 파산의 길로 들어섰다. 분명 카테라는 건설산업의 혁신의 방향을 제시하였으나, 한편으로는 건설업에서의 혁신이 결코 단기간에 실현되지 않음을 보여주는 단적인 사례라 할 수 있다.

빅데이터를 기반으로 클라우드로써 협업을 혁신한 프로코어(Procore)도 주목받고 있다. 프로코어는 건설 참여자가 데이터를 전송, 공유하는 방식을 혁신한 소프트웨어 기업이다. 프로코어가 주목한 것은 건설 과정에서 벌어지는 다양한 의사소통의 문제였다. 그래서 품질과 안전 관리, 자금 관리, 인력 관리 등 건설 프로젝트에 필요한 핵심 데이터를 공유할 수 있게 하는 것을 특징으로 하고 있다.

엔드투엔드(End-to-End)는 건설 프로세스 전 과정에 BIM(Building Information Modeling), 클라우드 ERP, 자재 추적 관리 시스템 등 4차 산업 핵심 기술을 도입한 것으로 유명했다. 여기에 글로벌 공급망 구축, 고객 맞춤형 설계 등을 더하면서 건설업의 새로운 패러다임을 제시하고 있다.

우리나라 역시 콘테크 기업에 대한 관심이 커지면서 대형건설사를 중심으로 투자가 본격화되고 있다. 현대건설과 호반건설은 인공지능 기반 건축 설계 회사인 텐일레븐에 공동 투자했고, GS건설은 건설현장 드론 측량 플랫폼인 엔젤스윙의 지분을 사들였다. 대우건설도 드론 제조 전문기업인 아스트로엑스에 투자했고, 우미건설도 피데스개발과 함께 시공 BIM 전문기업인 창소프트아이앤아이에 투자했다.

해외로부터 투자를 받은 우리나라 콘테크 기업도 있다. 건설 빅데이터 플랫폼인 산군은 실리콘밸리 소재 글로벌 벤처캐피탈로부터 투자를 받아, 그 가능성을 확인했다. 산군은 8만여 곳의 국내외 종합과 전문건설사, 건설자재업체들의 공종, 생산품목을 분류하여 데이터를 제공 중이다.

정부의 콘테크 기업에 대한 투자의지도 분명히 확인된다. 정부는 펀드를 조성하여 청년창업, 벤처기업을 발굴해 집중투자할 계획이다. 기존 건설기업 역시 지속해서 콘테크에 대한 투자가 증가할 것으로 보이며, 이는 2021년이 콘테크 시장 성장의 원년이 되게 하는 동력이 될 것이다.

국내 건설사의 향후 기술투자 분야

자료: 오토데스크(2020), 디지털 트렌스포메이션: 한국 건설산업, 커넥티드 컨스트럭션의 미래

콘테크와 더불어 최근에는 프롭테크(Proptech)도 주목받고 있다. 프롭테크는 부동산 개발, 중개 및 임대 분야에 있어 두각을 보이고 있다. 그 결과, 프롭테크 관련 기업은 2021년 278개로 2019년 112개에 비해 2배 이상 증가했다. 부동산업계 역시 디지털 전환이 빠르게 진행되고 있어 프롭테크 산업의 성장세는 지속될 전망이다.

시대가 바뀌고 있다. 여전히 건설기업하면 OO건설, OO개발, OO산업이 익숙하지만, 기술발전에 따라 다양한 콘테크 기업들이 생겨나고 있다. 그 과정에서 혁신적인 콘테크 기업의 옥석도 가려질 것으로 보인다. 스마트 건설의 시대를 이끌어 나갈 융복합 혁신 스타트업이 많이 탄생하기를 기대한다.

프롭테크(Proptech)
부동산(Property)과 기술(Technology)이 결합된 용어로 부동산 산업에 첨단 IT기술을 접목한 서비스를 일컫는다.

인테리어 시장, 날개를 달다

인테리어란 실내를 개별적인 취향에 맞춰 아름답게 꾸미는 작업과 더불어, 거주자가 편리하고 안락하며 쾌적하게 생활할 수 있는 개성적인 환경을 만드는 행위를 말한다. 현실에서는 리모델링과 유사한 개념으로 사용되기도 한다. 인테리어 시장은 이전에도 존재했지만 크게 주목받지는 못했다. 필요에 의해 동네 인테리어 업체를 이용하는 경우가 대다수였고, 그것도 도배·장판 등 소액공사가 주를 이루었다. 그러나 최근 인테리어 시장은 참여하는 기업의 수가 눈에 띄게 증가한 것은 물론 대기업들의 참여도 두드러지고 있다. 소비자와 인테리어업자를 연결해주는 플랫폼 기반의 기업들도 생겨나고 있다. 공사금액도 수백만 원대부터 수억 원에 이르기까지 천차만별이다.

인테리어 시장 성장동력

| 소득증가 |
| 소비자 니즈 증가 |
| 늘어나는 노후주택 |
| 공동주택 주거 비중 증가 |
| 가정 내 활동시간 증가 |

이렇게 인테리어 시장의 성장세가 두드러지는 이유는 무엇보다 소득이 증가하면서 삶의 질 개선에 대한 관심이 높아진 사회적 분위기 때문이다. 이전에 비해 이미지와 쾌적성을 중시하는 소비행태가 자리 잡고 있으며, 자신의 개성을 드러내고 싶은 욕구가 인테리어에 반영된 결과이기도 하다. 노후주택의 증가도 인테리어 수요 확대에 큰 영향을 미친다. 우리나라는 현재 20년 이상 된 주택의 비중이 40%에 육박하고 있어 건축물의 기능유지와 안전확보에 대한 관심이 뜨겁다. 여기에 1인 가구 형태의 가구수 증가도 인테리어 시장 성장의 원동력이 된다. 자신만의 공간을 연출하고픈 젊은 층의 수요가 상당하기 때문이다.

인테리어 시장의 성장세에 대해서는 전문가 사이에서도 이견이 없다. 우리나라보다 빠르게 주택노후화를 겪은 미국과 일본 등도 이미 수요가 급격히 증가해 인테리어 시장이 지속해서 성장하고 있다. 한국 시장은 외국과는 달리 공동주택에 거주하는 비중이 높고, 주택의 매매도 잦은 편이라 시장의 확대 속도는 다른 나라보다 더욱 가파를 것으로 예상된다. 대한건설정책연구원에 따르면 2020년 인테리어 시장규모는 25조 원에 육박하는 것으로 분석하고 있으며, 연평균 5% 이상의 성장세를 지속할 것으로 예측했다.

인테리어 산업은 고용효과가 높고, 고부가가치 산업으로 발전할 가능성이 크다. 그래서 산업적인 측면에서도 매우 매력적으로 다가온다. 영업, 고객상담, 디자인, 설계, 시공 등 인테리어 산업 전 과정에서 노동의 투입이 크고, 또 최근에는 스마트홈을 구현하기 위해 정보기술 기업들과 경쟁 및 협업이 이루어지고 있어 고부가가치 산업으로 변모할 잠재력 역시 높다.

인테리어 수요가 증가하자 건설자재 업체, 가구업체, 중개 서비스업체(O2O) 등 다양한 기업이 시장에 진출하여 그 규모가 더욱 확대되고 있다. KCC, LX하우시스, 한샘, 유진 등 건설자재 및 가구업체는 고객 신뢰와 브랜드 평판을 활용하여 홈쇼핑, 직영점을 통해 공격적으로 사업을 확장하고 있다. 최근에는 릭실(LIXIL), 니토리홀딩스, IKEA 등 글로벌 기업까지 가세하고 있으며, 인테리어 수요자와 공급자를 연결하는 O2O(Online to Offline) 시장도 빠르게 성장하며 시공서비스 영역으로 확장·진화하고 있다.

인테리어 밸류체인과 주요 기업 현황

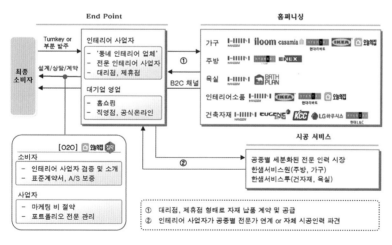

자료: 신영증권(2019), 한국형 리모델링 서비스산업의 시작

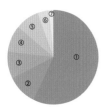

인테리어 공사 피해 유형

① 부실공사로 인한 하자 발생, 192건
57.3%

② 계약내용과 다른 시공, 36건
10.7%

③ 하자보수 요구사항 미개선, 31건
9.2%

④ 공사지연, 30건
9%

⑤ 계약취소 등 계약 관련 분쟁, 28건
8.4%

⑥ 추가비용 요구, 14건
4.2%

⑦ 기타, 4건
1.2%

자료: 한국소비자원

그렇다고 인테리어 시장의 성장에 긍정적인 측면만 있는 것은 아니다. 시장의 지속가능한 성장을 위해서는 반드시 몇 가지 개선할 점도 있다. 먼저 시장이 커지는 만큼 소비자의 피해도 급증하고 있다. 대기업을 비롯한 다양한 사업자의 진출이 가속화되고 있으나, 여전히 인테리어 시장은 영세사업자(동네 인테리어 업체 등)의 시장점유율이 가장 높다. 영세하다는 것이 나쁘다는 의미는 아니다. 다만, 일부 무책임한 인테리어업체로 인해 계약분쟁, 부실시공, 하자발생 등이 사회적 문제로 번지고 있는 데에 문제가 있는 것이다. 이러한 상황이 누적되다 보면 결국 인테리어 산업 전반이 부정·부실하다는 인식이 저변에 확산할 수 있다.

무면허업체의 난립도 문제다. 일반 국민들이 인지하지 못하는 경우가 많으나, 법에서는 1,500만 원 이상 공사의 경우 건설업 면허를 보유한 업체만이 공사가 가능하도록 하고 있다. 그러나 실제 1,500만 원 이상의 공사에 있어 적법업체가 참여하는 비중은 오히려 낮은 수준이다. 자칫 잘못하면 인테리어 공사를 의뢰한 서민들이 피해를 보는 상황이 생길 수도 있다. 이러한 문제는 인테리어 시장의 플랫폼 기능을 하고 있는 한샘, KCC와 같은 자재업체는 물론, 집닥, 오늘의 집과 같은 O2O기업들의 스크린 기능이 필요함을 의미한다.

그리고 소비자와 인테리어업자들의 인식 변화도 필요하다. 지금도 품질보다는 비용을 중시하는 분위기 탓에 계약서 없이 현금을 주고받는 문화가 팽배해 있다. 이러한 행태는 분쟁이 발생할 경우 고스란히 소비자의 피해로 돌아갈 가능성이 매우 크다. 인테리어 공사 시 계약서를 작성하는 문화가 반드시 정착되어야 해결될 문제다.

향후 인테리어 시장이 더욱 확대될 것은 분명하다. 한국판 뉴딜의 일환으로 추진되는 그린 리모델링도 큰 범주에서 보면 인테리어 분야다. 스마트홈을 구현하기 위한 업계의 노력도 커질 것으로 판단된다. 시장의 발전을 가로막는 여러 부정적인 요소를 개선해 이제 막 날갯짓을 시작한 인테리어 산업이 더욱 비상하기를 기대해본다.

새로운 패러다임, ESG 경영 확산

경제성장의 속도뿐만 아니라 경제성장의 방향 역시 중요하다는 인식 아래 다양한 사회적 담론이 나타나고 있다. IMF, OECD 등 국제기구에서는 '포용적 성장'을 제시하면서 기회균등, 사회보장, 지속가능한 성장의 화두를 던졌다. 칼레츠키는 '자본주의 4.0'에서 공공과 민간부문, 민간부문 내부의 상호 의존성 강조하면서 상생, 공존의 따뜻한 자본주의를 강조했다. 이 밖에도 빌 게이츠는 '창조적 자본주의'를 주창하였고, 유누스는 '공유 자본주의', 로머는 '쿠폰사회주의' 등을 제시하면서 변화의 패러다임을 설명했다.

포용적 성장

소득주도 성장의 범주를 확대하여 혁신성장과 공정경제를 포함한 개념으로, 문재인 정부의 핵심 가치다.

최근에는 ESG가 우리 사회의 최대 화두로 떠오르고 있다. ESG는 Environment(환경), Social(사회), Governance(지배구조)의 첫 문자를 조합한 용어로, 지속가능성을 달성하기 위한 3가지 핵심 요소를 의미한다. 2006년 UN책임투자원칙(UN PRI)을 통해 구체화되었으며, 파리기후변화협약(2015년)을 계기로 그 중요성이 더욱 커지고 있다. 포용성장, 자본주의 4.0이 정부 중심의 담론이라면 ESG는 기업경영의 기준으로 자리 잡고 있다. ESG 경영은 기존 기업 경영의 주요 요소인 재무적 지표 외에 ESG라는 비재무적 요소를 추가해 기업의 지속가능성에 중점을 두는 활동으로 산업계에서 그 위상이 점차 증대되고 있다.

ESG 등장 배경

주주자본주의 문제점 노출

\+

외부효과에 따른 환경오염

\+

가계, 사회, 국가의 양극화 심화

ESG가 기업의 새로운 경영 패러다임으로 확산하는 이유는 무엇보다 ESG관련 규제와 정책이 강화되고 있기 때문이다. 우리나라는 이전까지 자산총액 2조 원 이상의 상장기업을 대상으로 기업지배구조 핵심정보를 투자자에게 공시하도록 했는데, 최근 금융위원회는 ESG 책임투자 활성화를 위한 제도적 기반 마련 차원에서 ESG 정보의 단계적 의무화 추진 방안을 발표했다. 로드맵에 따르면 2030년까지 모든 상장기업은 의무적으로 ESG 관련 공시를 부담하게 된다.

투자자의 ESG에 대한 요구도 증가하고 있다. 연기금과 자산운용사들은 ESG를 기업투자의 평가기준으로 활용하고 있다. 글로벌 신용

평가사는 기업 평가의 기준으로도 ESG를 활용하며, 일본과 프랑스 등에서는 은행 대출심사에서도 ESG 충족여부를 대출금리에 반영하고 있다.

세계 지속가능투자연합에 따르면 2020년 전 세계 ESG 투자규모는 약 40.5조 달러이며, 2030년까지 130조 달러를 돌파할 것으로 예상하고 있다. 결국, ESG를 충족해야 투자를 받을 수 있게 되는 것이다.

고객들 또한 기업의 ESG 활동에 관심을 가지고 있어 기업의 이미지를 결정하는 지표로 인식될 가능성이 크다. 실제로 여러 기관에서 조사한 자료에 따르면 ESG 신설기업의 제품 소비의향이 80%를 넘어서는 것으로 나타나고 있다. 이러한 전반적인 변화로 인해 기업의 ESG 활동이 기업의 가치에 큰 영향을 미칠 것으로 보인다.

기업경영에 영향을 미치는 이해관계자들의 ESG 요구

ESG 규제 강화	• 기업의 ESG 정보공시 의무 강화 • 2050년 탄소배출 넷제로(Net-Zero) 달성을 위한 탄소감축 규제 강화 및 기업의 준수 노력
투자자의 ESG 요구 증대	• 기업지배구조 개선 등을 도모하는 스튜어드십 코드 강화 • 연기금과 자산운용사 등의 책임투자 및 ESG 투자 전략 활용 확대
기업평가에 ESG 반영	• 글로벌 신용평가사, ESG 요소를 신용평가에 적극 반영
고객의 ESG 요구 증대	• 공급망 관리와 협력업체 선정의 주요 요소로 부각되는 ESG • MZ세대 중심의 고객 ESG 요구 증대

자료: 삼정KPMG(2021), ESG의 부상, 기업은 무엇을 준비해야 하는가?

ESG의 정의와 의미는 다양하게 해석될 수 있겠지만, 건설업의 특성을 반영해 적용해보면 환경부문에 있어서는 기후변화에 따른 탄소배출 저감과 에너지효율 개선, 시공과정에서의 오염, 폐기물 등의 환경문제 해소로 귀결된다. 사회부문은 건설참여자 및 지역사회와의 관계 개선, 근로자 안전 등 사고예방 노력이 중요할 것으로 판단된다. 지배구조에 있어서는 개별 기업의 이사회 구성, 부패 방지를 위한 기업윤리 확립, 이해관계자와의 협력관계 구축 등이 필요할 것으로 보인다.

ESG 각 항목별 주요 요소

E(Environment)		S(Social)		G(Governance)

• 기후변화 및 탄소배출
• 환경생태계 및 생물
  다양성
• 오염, 환경규제
• 자원 및 폐기물 관리
• 에너지 효율
• 책임 있는 구매, 조달 등
	+	• 고객 만족
		• 데이터 보호, 프라이버시
		• 인권, 성별 및 다양성
		• 지역사회 관계
		• 공급망 관리
		• 근로자 안전
			+	• 이사회 및 감사위원회
				  구성
				• 뇌물 및 반부패
				• 로비 및 정치 기부
				• 기업윤리
				• 컴플라이언스
				• 공정경쟁

자료: 해외건설정책지원센터(2021), 2021년 해외건설시장 동향 및 하반기 전망

산업차원에서 ESG를 포괄적으로 강제하는 규정이 없음에도 불구하고 대형 건설업체를 중심으로 선제적으로 ESG 관련 움직임이 시도되고 있다. 삼성물산은 자사와 협력사의 온실가스 배출량을 투명하게 공개하기로 했으며, 친환경건축물 건립을 위한 에너지효율화 기술과 온실가스 저감공법의 개발을 시작했다. SK건설은 종합 환경플랫폼 기업 인수를 통해 친환경·신에너지 사업에 투자를 강화하고 있다. DL이앤씨는 안전체험학교 운영, 안전 혁신활동을 통한 무사고 작업장 추진을 시도하고 있으며, 포스코건설은 친환경, 신재생에너지에 투자하기 위해 국내 최초로 지속가능채권을 발행했다.

그러나 건설업의 98%를 차지하고 있는 중소건설업체의 경우 아직 ESG와 관련해 마땅한 준비가 없는 상황이다. 중소기업 입장에서는 ESG 평가기준이 기관마다 상이하고, 평가를 받기 위한 비용이 발생하므로 부담으로 작용한다. 또한 ESG 평가는 상장기업이 아닌 이상 개별 기업의 판단에 따른 임의사항으로 의무사항이 아니라는 점도 확산에 부정적 영향을 주고 있다.

건설산업 ESG 키워드
• 온실가스 배출감소
• 탄소중립
• 폐기물-순환자원투자
• 스마트 건설 기술
• 건설현장 안전 강화
• 협력사와의 공정거래
• 동반성장과 사회공헌
• 지배구조 투명성
• 회계투명성 강화 등

국내외 주요 ESG 평가지표

구분	평가지표	특징
해외	MSCI ESG Leaders 지수	ESG 영역별 10개 주제, 35개 핵심 이슈를 평가해 AAA~CCC의 7개 등급 부여, 거버넌스 평가에 가중치 제공
	DJSI ESG 지수	전 세계 시가총액 상위 기업 대상으로 경제적 성과, 환경·사회 성과 등을 종합적으로 고려해 기업 경영 지속 가능성을 분석
	FTSE4Good 지수	담배, 무기, 석탄 등 일부 산업은 피평가 기업에서 제외, 공개된 정보를 기반으로 평가해 분기별로 지수에 편입된 기업을 발표
	Sustainalytics	공개된 정보를 기반으로 ESG 리스크가 기업의 재무가치에 미치는 영향을 측정, 평가 결과는 0~50 사이 점수와 리스크 등급으로 표시
	CDP	전 세계 9600여 개 기업의 기후 변화 대응 등 환경 경영 공시 정보를 분석
	ISS	세계 최대 의결권 자문기관으로, 2000명 이상의 기관투자자에게 기업의 거버넌스와 책임 투자에 관한 자문과 서비스를 제공
국내	한국기업지배구조원(KCGS)	회사별 900개 이상의 기초 데이터를 수집하고, 이를 바탕으로 개별 기업의 ESG 위험 회피 시스템, 기업가치 훼손 이슈 등 진단
	서스틴베스트	자체 개발한 평가 모델 ESGValue™를 활용해 국내 상장사의 ESG 관리 수준 평가
	대신경제연구소	한국거래소 상장 기업의 환경(E), 사회(S), 지배구조(G) 세 가지 부문에 대한 정보들을 취합 후 자체분석 모형으로 평가

자료: 매경이코노미

ESG는 프로젝트 선정부터 기획, 설계, 시공에 이르는 전 과정을 환경적 관점에서 조망하고 환경문제 해결을 위한 노력을 시도한다는 측면에서 그 의의가 있다. 또한 건설산업의 고질적 문제로 지적되는 원하도급 간의 불공정거래, 안전사고, 부정부패 등의 문제해결에도 기여할 수 있을 것으로 기대된다. 다만, 일부 대기업을 제외하면 독자적인 ESG 경영 역량이 부족하다는 현실을 고려하여 중소건설업체 맞춤형 기준 등도 정립될 필요가 있다.

중견기업의 ESG 경영 걸림돌

(단위: %)

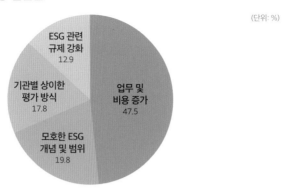

ESG 관련
규제 강화
12.9

기관별 상이한
평가 방식
17.8

모호한 ESG
개념 및 범위
19.8

업무 및
비용 증가
47.5

자료: 한국중견기업연합회

인테리어 시장규모는 어느 정도일까?

인테리어 시장규모는 관련 자료가 없어 추정이 매우 어렵다. 먼저 기업 매출 통계가 없다. 그리고 인테리어 시장은 건설업 면허를 보유한 기업이 참여하는 경우가 얼마 되지 않는다. 대부분 아파트 상가에서 볼 수 있는 '00인테리어'라는 상호를 가진 사업자등록증만 보유한 업체가 공사를 진행하는 경우가 대다수다. 참고로 인테리어 사업을 영위하는 개인사업자는 전국적으로 6만 개에 달하는 것으로 조사됐다. 차선책으로 선택할 수 있는 게 세금 관련 자료인데 이마저도 부정확하다. 거래 과정에서 대부분 현금을 주고받는 경우가 많아 제대로 된 소득의 노출비중이 낮기 때문이다.

인테리어 시장규모 추정에는 적당한 가정을 통해 상상력을 동원할 수밖에 없다. 바로 주택의 나이와 그에 따른 인테리어 수요를 추정하는 것이다. 다행히 주택의 건축연수(나이) 자료는 존재한다. 가령, 건축연수에 따른 인테리어의 수요는 역U자로 가정한다. 건축연수도 10년 미만인 경우 인테리어 수요는 낮다고 보고, 건축연수가 20년일 때 인테리어 수요가 가장 높다고 본다. 30년이 지나면 재건축 등의 기대감에 따라 다시 인테리어 수요는 줄어드는 것으로 본다. 누군가에게는 이러한 가정이 비합리적일 수도 있겠으나, 부족하나마 이같은 논리로 인테리어 시장규모를 분석하면 주거용 인테리어 시장규모는 15조 원으로 추정된다.

우리나라 주택 건축연도 현황

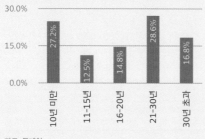

자료: 통계청

인테리어 공사 발생시점 가정

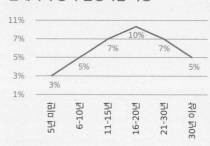

자료: 대한건설정책연구원

상가 등의 비주거용 인테리어 시장은 점포 변환률을 통해 추정한다. 점포의 상호가 바뀌거나 업종이 바뀔 경우 새로운 인테리어 수요가 발생하기 때문이다. 이러한 방법론을 적용하여 비주거용 인테리어 시장규모를 분석하면 10조 원으로 추정된다. 다만, 여기서는 사무용 오피스빌딩 시장은 제외되었으니, 실제 비주거용 인테리어 시장은 10조 원을 훌쩍 넘어설 것으로 예상된다.

인테리어 시장은 지속해서 성장할 수밖에 없는 구조다. 주택과 상가 모두 멸실되는 숫자보다 신규로 생겨나는 물량이 많기 때문이다. 여기에 친환경 자재, 디자인까지 가미되어 인테리어 금액은 이전에 비해 크게 증가하고 있다.

최근 인테리어 시장은 건설자재업체와 더불어 플랫폼 기업들의 참여가 활성화되고 있다. 그러나 여전히 시장규모에 비해 후진적인 요소들이 존재한다. 시장의 지속성을 위해 건설업체의 참여가 요구된다.

건설업이 만들어낼
미래 모습

16장 | 건설업이 만들어낼 미래 모습

미래, 마침내 오고야 말지니

"과거를 애절하게 들여다보지 마라. 다시 오지 않는다. 현재를 현명하게 개선하라. 너의 것이니. 어렴풋한 미래를 나아가 맞으라. 두려움 없이." - 헨리 워즈워스 롱펠로우

"돌이킬 수 없는 어제는 우리의 것이 아니지만, 이기거나 질 수 있는 내일은 우리의 것이다." - L.B 존슨

"미래야말로 모든 비밀 중에서 가장 큰 비밀이다." - F. 트리펫

미래라는 단어를 보면 어떤 생각이 떠오르는가? 한 시대를 풍미했던 사상가, 문인, 정치인들은 모두 나름의 미래를 꿈꾸고 정의하지만, 평범한 일상을 살아가는 우리에게 미래는 늘 아득하기만 하다. 미래는 여러 가지 의미로 다가온다. 현재보다 더 좋아질 것이라는 기대와 희망이 떠오르기도 하고, 왠지 모를 두려움과 불안이 엄습하기도 한다. 분명한 것은 현재를 어떻게 살아가고 어떤 준비를 하느냐에 따라 미래의

모습은 달라진다는 점이다. 희망 섞인 미래를 꿈꿀 수도 있고, 안개 속을 걷는 듯한 불안함이 미래의 모습에 담길 수도 있다.

그렇다면 건설업의 미래는 어떤 모습일까? 건설이라는 수단을 통해 펼쳐지게 될 우리나라 국토와 우리의 삶은 어떤 변화된 모습일까? 미래 모습을 그려보기 위해서는 현재 건설산업의 트렌드를 읽을 필요가 있고 이를 사회, 경제, 기술의 환경변화와 접목하여 방향성을 도출해내야 할 것이다.

이미 우리 사회의 미래 변화에 대해서는 다양한 기관에서 많은 학자들이 머리를 맞대어 미래상을 이야기하고 있다. 2030년, 2040년 2050년 등 시기의 차이는 있으나, 예상되는 미래 모습과 그에 맞는 전략을 제시하고 있다.

이번 장에서는 건설, 국토, 교통, 주택의 미래비전을 담은 다양한 논의들을 기반으로 불확실한 미래 모습을 담아내고자 한다. 물론 다가올 미래는 희망보다 절망이 클 수도 있고, 기대보다 우려가 앞설 수도 있다. 그러나 여기서는 우리의 바람을 담아 희망적인 미래 모습을 들여다보기로 하자.

미래의 힌트, 메가트렌드

메가트렌드는 1982년 미국의 존 네이스비츠(John Naisbitt)의 저서 'Megatrends'에서 유래한 용어로 현대 사회에서 일어나고 있는 거대한 조류를 뜻한다. 메가트렌드는 어떤 현상이 단순히 한 영역의 유행에 그치지 않고 사회, 경제, 기술, 문화적으로 거시적인 변화를 불러일으키는 특성을 가진다. 마이크로트렌드가 10년, 또는 그 이상 지속한다면 이를 메가트렌드라고 할 수 있다.

지금도 생겨나고 있는 수많은 마이크로트렌드 중 미래까지 오랜 기간 지속할 메가트렌드는 무엇일까? 바라보는 관점, 영역, 산업에 따라 경중의 차이는 있겠으나, 코로나19 팬데믹을 겪은 이후 대체로 유사한

딜로이트 선정 7대 메가트렌드

1. 미중 긴장 지속과 국제질서 변화
2. 강화되는 탈탄소화 기조
3. ESG 경영도입
4. 기술이 불러온 금융산업 재편
5. Post Pandemic 시대의 금융안정
6. 변곡점에 선 제조업
7. 코로나19가 몰고 온 소비트렌드

단어와 내용이 주를 이루고 있다. 논의되는 많은 메가트렌드 중에서 건설을 포함하여 국토교통 전반과 관련된 내용을 살펴보자.

국토교통부는 2016년 '국토교통 비전 2045 수립을 위한 연구'에서 6대 메가트렌드와 23개의 세부 트렌드를 제시하고 있다. 여기서는 UN의 미래보고서와 더불어 세계 주요국의 미래 이슈, 국토 전망과 관련된 문헌 64건을 총망라하여 광범위한 검토가 이루어졌다. 또한 6대 메가트렌드가 우리나라 건설을 비롯한 국토·교통분야에 어떠한 영향을 미치는지에 대해서도 심도 있게 분석하였다.

메가트렌드 1 . 인구구조 및 가치변화

저출산 고령화	1인가구 가속화	삶의 질 중시	사회적약자 배려	공유경제 심화
• 초노후 아파트 등장 • 유휴 토지 증가 • 고령운전자 안전문제 • 교통약자 이동권 보장	• 1인가구 건축수요 증가 • 가구 수요 증가 • 주거소비 유형 세분화 • 통행 행태 및 패턴 변화	• 세컨홈 및 임대관리 증가 • 맞춤형 주거 수요 증가 • 공간정보서비스 출현 • 건축물 문화 공간화 증대 • Door-to-Door 실현	• 주거복지 수요 증가 • 교통약자 안전교통 실현	• 주거 공유 활성회 • 자동차 공유문화 증가

국토교통부(2016), 국토교통 비전 2045 수립을 위한 연구 재구성

우리나라의 미래를 예상하는 데 있어 단연 가장 큰 걱정거리는 인구 감소다. 출산율의 저하, 평균수명의 증가로 총인구는 2030년부터 감소할 것으로 예상되며, 생산가능인구는 2016년을 기점으로 이미 감소 추세에 있다. 특히, 우리나라의 경우 출산율이 0.8대에 불과하여 고령화 속도가 세계적으로도 유례가 없을 정도로 빠르게 진행되고 있다.

이러한 부정적 인구구조의 변화는 사회적 가치와 인식에도 지대한 영향을 미칠 것으로 판단된다. 고령화·저출산·이념 갈등·상대적 빈곤 등의 사회 문제로 인해 개인 삶의 질에 대한 관심이 높아질 것으로 보인다. 또한 사회적으로 다문화 가구 증가, 사회적 약자 및 소외계층 발생, 공유경제 심화 등을 유발할 것으로 예상된다.

공유경제
대량생산·대량소비와 대비되는 개념으로 한번 생산된 제품을 다수가 함께 사용하는 협력소비 방식을 의미한다. 2010년 이후 공유경제 시장은 연평균 8%에 가까운 고성장을 기록했으나, 코로나19 팬데믹으로 인해 최근 성장세가 주춤하고 있는 상황이다.

이러한 변화는 건설을 비롯한 국토·교통분야의 우선순위를 바꿔놓을 수 있다. 초노후 아파트와 유휴 토지가 사회적 문제가 될 수 있으며, 1인 가구의 건축 증가, 세컨홈과 임대관리 활성화, 주거복지 수요 증가 등의 새로운 패러다임이 대두될 것이다.

메가트렌드 2 . 도시 양극화

메가시티 확대	비 대도시권 쇠퇴
• 메가시티 출현으로 도시집중 및 교통량 증가 • 노후화로 재해/재난 증가 • 도로부지 확보 한계 예상	• 국토공간 불균형 지속 • 도시 간 또는 도시 내 격차 심화

국토교통부(2016), 국토교통 비전 2045 수립을 위한 연구 재구성

사회적 양극화는 물론 공간적 양극화도 심화될 것이다. 거대도시를 의미하는 메가시티가 증가할 것으로 예상되는데, 혁신과 생산성 측면에서 타 지역에 비해 유리한 메가시티의 등장으로 지금보다 대도시권은 더욱 확장될 가능성이 크다.

반면, 지방을 중심으로 중소도시의 쇠퇴는 가속화될 것으로 예측된다. 인구와 자원의 수도권 집중화로 인해 지역산업이 어려움을 겪을 것으로 보이며, 빈집 등이 증가하여 사회적 문제로 번질 가능성도 있다. 2020년 수도권의 인구는 2,596만 명으로 비도수권의 인구 2,582만 명을 이미 추월한 상황이다.

도시 양극화는 균형 있는 국토발전에 심각한 도전으로 다가올 가능성이 크다. 메가시티는 교통량이 증가하여 도로부지 확보에 어려움이 생길 것으로 보이며, 주거시설과 사회 인프라의 노후화로 재해/재난은 더욱 증가할 가능성이 있다. 지방도시의 쇠퇴는 국토공간의 불균형을 심화시킬 것이며, 도시 간, 도시 내의 격차 역시 커질 것이다.

메가시티(Megacity)
메가시티는 일반적으로 인구가 1,000만 명이 넘는 도시를 의미한다. 여기서 1,000만 명은 각 도시의 주변생활권까지 포함한다. 2018년 기준 전 세계 메가시티는 47개로 나타나고 있다.

메가트렌드 3 . 기술변혁의 가속

인공지능 등 보편화	스마트 시티화	초연결 사회 도래
• 자율주행자동차 상용화 • 자가용 개인항공기 보급화 • 무인이동체 인프라 확보 • 무인택시, 무인화물차 등장 • BIM, 로봇 등 건설 자동화 • 1인주택 건축 증가 • 건설시공 기술력 첨단화	• 스마트 도시서비스 활성화 • 스마트홈 기술 보편화 • 공공자원 관리의 스마트화 • 스마트 교통서비스 활성화 • 도로 기하구조 및 시설규모 　단순화	• 융복합에 따른 건설업역 　개편 • 초정밀 국토정보 구축 • 초연결 네트워크를 통한 　국토관리 • 4차 산업혁명 보편화

국토교통부(2016), 국토교통 비전 2045 수립을 위한 연구 재구성

4차 산업혁명 기술의 적용과 보편화는 사회 전반의 변혁을 가져올 것이다. 생산가능인구 감소에 따른 노동력 부족으로 무인화와 인공지능 활용이 가속화되며, 가상현실 기술 발전으로 디지털 기술과 현실 세계가 연결되어 일상생활이 변화할 것으로 예상된다.

스마트시티
도시의 경쟁력과 삶의 질 향상을 위해 건설과 정보통신 기술이 융복합하여 다양한 도시서비스를 제공하는 지속 가능한 도시를 말한다.

스마트시티, 스마트홈의 보편화는 생활의 편의성과 삶의 질 개선을 가져올 것으로 보인다. 또한 ICT기술의 발달은 초연결사회로의 진화를 촉진할 가능성이 크다.

기술변혁의 가속화는 건설업에도 큰 영향을 미칠 것이다. 건설기술의 첨단화로 자동화가 일상화되어 산업전반이 디지털화될 것으로 예상된다. 또한 산업 간, 산업 내 융복합화에 따라 기존 건설업역도 단순화될 가능성이 크다. 국토와 교통분야는 지금보다 한층 업그레이드될 것이다. 국토와 교통 전 분야가 네트워크를 통해 관리되어 생활의 편의성이 크게 개선될 것으로 예상된다.

메가트렌드 4 . 경제 글로벌화 및 구조변화

경제협력 확대 및 통합	지식서비스 산업으로 개편	산업/기업 등 양극화 심화
• 글로벌 경제 통합 • 글로벌 공급사슬 관리 중요 • 후발주자 성장으로 제조업 　둔화 • Mega-hub 공항 전쟁 • 한반도 도로망 본격화 • 저성장으로 SOC투자 감소	• 전통건축 침체 및 신규건축 　등장 • 경제통합, 공유경제 등 　신산업 발달 • 공간정보 융복합으로 　신시장 창출 • 건설산업 시장 제도 합리화	• 사회적 양극화 심화 • 사회배려형 도시정책 요구 　증가 • 대도시 집중화 및 노후화 　심화 • 건설분야 고부가가치 영역 　발달

국토교통부(2016), 국토교통 비전 2045 수립을 위한 연구 재구성

세계화, 글로벌화는 더욱 뚜렷해질 것으로 예상된다. 글로벌 경제통합이 가속화되어 전 세계의 블록화가 예상되며, 지금보다 상품, 노동, 서비스의 국가 간 이동이 자유롭고 신속하게 이루어질 것으로 보인다. 경제구조는 기술진보에 따라 전통산업은 쇠퇴하고 지식서비스 산업 중심으로 재편될 가능성이 높다. 이에 따라 직종 간 소득, 업무환경 등의 양극화가 심화될 수 있어, 이는 사회적 문제로 전이될 우려도 있다.

기존 전통산업의 위기가 예상됨에 따라 건설업의 저성장은 불가피할 것으로 보인다. 정부의 SOC 투자는 예산의 우선순위에서 밀려 점차 감소할 가능성이 크며, 건설 자본스톡 역시 정체될 것으로 보인다. 반대로 건설부문의 새로운 영역이 생겨나 기회 요인도 있다. 인프라의 노후화는 유지보수시장을 중심으로 거대한 신규시장을 형성할 것으로 예상되며, 산업 간 융복합화에 따라 고부가가치 영역이 생겨날 가능성도 상당하다.

Balassa의 경제통합 단계
1. 자유무역지역
   (Free Trade Area)
2. 관세동맹
   (Costoms union)
3. 공동시장
   (Common market)
4. 경제동맹
   (Economic union)
5. 온건한 경제통합
   (Total economic integration)

메가트렌드 5 . 기후변화 및 환경 중요성 증대

에너지 저소비형 개발	친환경 기술개발 가속	사회적 재해/재난 증가	워터그리드 확산
• 도시단위 탄소저감 일반화 • 에너지 사용 최소화 주택 확대 • 저탄소 녹색건설 실현	• 친환경 교통수단 활성화 • 친환경 자동차 기술개발 • 항공교통 환경영향 최소화	• 도시단위 재해대응 일반화 • 안전한 주택 건설 수요 증가 • 안전시설물 관리체계 구축 • 건설에서 유지관리로 전환	• 기후변화로 물부족 심화 • 신규 수자원개발 난항 • 수질문제로 지역갈등 심화

국토교통부(2016), 국토교통 비전 2045 수립을 위한 연구 재구성

기후변화에 따른 환경의 중요성은 더욱 강조될 것이다. 에너지 사용의 효율성이 강조되면서 저소비형 에너지 사용이 확산하고, 온실가스 배출 절감을 위한 친환경, 저탄소 기술개발이 활성화될 것으로 예상할 수 있다. 기후변화는 재해/재난을 증가시킬 가능성이 크기 때문에 안전에 대한 가치는 핵심적인 경쟁력 요소가 될 것이며, 물 부족 문제 역시 부각되어 수자원 관리의 중요성이 커질 전망이다.

2050 탄소중립 시나리오
우리나라는 탄소저감을 위해 2030년까지 탄소배출 40% 감축을 목표로 하고 있으며, 2050년까지 온실가스 배출량을 '0'으로 할 계획이다.

건설산업을 비롯한 국토 전반의 인프라는 녹색산업 생태계로 변화될 전망이다. 제로에너지 건축물이 늘어나고 에너지 사용을 줄이는 순환경제 생산시스템이 상시화될 가능성이 있다. 한국형 뉴딜에서도 강조되듯이 그린 리모델링이 건설분야의 주요 영역으로 확장될 것으로 보이며, 특히 1기 신도시 아파트 등을 중심으로 노후주택 그린 리모델링이 활성화될 것으로 생각된다.

메가트렌드 6 . 안보 및 거버넌스 환경변화

남북한 협력증진	안보 및 보안위험 증대
• 한반도 전체의 산업구조 개편 • 남북한 공간정보 일원화 • 국제사회 인적 및 물적교류 활성화	• 안전 및 보안사고 증가 • 무결점 항공교통 실현

국토교통부(2016), 국토교통 비진 2045 수립을 위한 연구 재구성

안보와 거버넌스 환경도 미래에 크게 변화될 분야 중 하나다. 최근 남북관계 개선에 대한 기대감이 줄어들긴 했으나, 중장기적으로 남북한의 협력증진은 지속될 것으로 예상된다. 특히, 북한의 비핵화 선언 등이 실현될 경우 남북경협을 시작으로 화해무드는 급속도로 진전을 이룰 수 있다. 정책에 대한 국민 관심 역시 커지면서 정책 결정과정에서 국민참여가 확대될 것이다. 또한 기술발전과 더불어 사이버테러와 같은 보안위험은 오히려 커질 수 있어 이에 대한 대비도 필요한 시점이다.

남북관계의 개선으로 경제협력 사업이 현실화할 경우 건설업은 새로운 거대 시장이 열리게 되어 매우 긍정적으로 작용할 가능성이 있다. 남북경협 초기 사업은 도로, 철도, 전력, 에너지 등의 인프라 사업이 주를 이룰 것으로 예상된다.

미래 건설업의 모습

앞서 향후 10년 이상 우리 사회를 관통할 메가트렌드에 대해 살펴보았다. 거대한 변화의 물결 앞에 건설업이 나아가야 할 방향도 비교적 명확하다. 미래 건설산업은 긍정적인 요소는 많지 않은 데 비해 새롭게 도전해야 할 분야가 대부분이다. 준비를 어떻게 하느냐에 따라 미래의 성패가 달려있다. 준비 없이 미래를 기다리면 도태될 수밖에 없다.

미래 건설산업은 거스를 수 없는 4차 산업혁명 요소 기술들로 인해 산업자체의 패러다임이 완전히 변화할 것으로 예상된다. 노동집약적 산업, 장비 중심 산업이라는 꼬리표가 떨어지고 스마트, 디지털이란 새로운 옷을 입을 수밖에 없는 환경으로 변모하게 될 것이다.

건설산업 내부 생산체계 역시 지금과는 판이하게 흘러갈 가능성이 크다. 종합·전문건설업의 영역은 큰 의미를 발휘하지 못하고, 대다수가 모듈화되어 공장생산 비중이 크게 증가할 것으로 보인다. 건설산업은 기존 경험 의존적 산업에서 디지털 기술의 융합으로 업무 생산성 향상, 원가 절감 및 공기 단축, 건설인력의 양질화가 가능해질 것으로 기대된다.

물론 건설업의 이러한 변화는 단기간 내에 이뤄지기는 어려울 가능성이 더 크다. 기존 방식에 대한 저항도 있을 수 있으며, 미처 준비가 부족한 측면도 존재하기 때문이다. 그러나 변화하지 않으면 변화를 강요받을 수도 있다. 개술개발, 제도개선, 인력양성 등 늦더라도 하나씩 꾸준히 준비해 나가야 한다.

Boston Consulting Group은 미래 건술기술 10가지를 제시하고 있는데, 결국 스마트 건설기술을 기반으로 한 건설업의 변화를 이야기하고 있다. 제시된 10대 기술은 ① 조립식&모듈화, ② 신형 건축자재, ③ 3D프린팅, ④ 건설자동화, ⑤ VR, ⑥ 빅데이터 분석, ⑦ 무선네트워크 장비, ⑧ 실시간 정보공유, ⑨ 3D측량, ⑩ 빌딩정보 모델링 등이다. 이처럼 건설산업은 지금보다 더 똑똑해지고 더 깨끗해지고 더 안전해

생산체계
정부는 건설업 생산체계 혁신을 위해 현행 종합·전문건설업 체계를 중장기적으로 단일업종화하는 계획을 발표했다.

지고 더 효율적으로 변해갈 것이다.

미래 국토의 모습

국토교통부는 '국토교통 비전 2045 수립'을 통해 국토교통 미래상으로 '상상이 실현되는 스마트 국토', '안전하고 회복력 있는 도시', '더불어 사는 포용사회', '오감만족 즐거운 생활'을 제시하고 있다. 바람대로 계획대로 꿈꾸는 대로 이루어진다면 좋겠지만, 미래 국토의 모습은 손에 와 닿지는 않는다.

여기서는 국토교통부의 미래 국토상의 주요 키워드를 소개하겠다. 키워드를 통해 미래 우리 국토의 모습을 상상해 보는 것도 좋을 듯하다. 분명 미래는 지금보다 풍요롭고, 편리한 더 좋은 세상이 될 것이다. 그러기 위해 미래를 위한 투자는 계속되어야 할 것이다.

우리 국토의 미래상 1. 상상이 실현되는 스마트 국토

국토교통부(2016), 국토교통 비전 2045 수립을 위한 연구 재구성

우리 국토의 미래상 2. 안전하고 회복력 있는 도시

국토·인프라	도시·지역	주거·생활	이동·수송
재난·사고의 선제적 예방 체계	에너지 자립형 탄소 저감 도시	스트레스 없는 일상 생활	친환경·무사고 교통
IoT 기반 국토 시설물 안전망 구축	청정자원 순환 기반 생태환경 조성	쾌적한 무공해 주거 환경 구현	자율주행 기반 교통체계 구축

국토교통부(2016), 국토교통 비전 2045 수립을 위한 연구 재구성

우리 국토의 미래상 3. 더불어 사는 포용 사회

국토·인프라	도시·지역	주거·생활	이동·수송
도·농 상생 균형 국토	도시 재생 르네상스	삶의 질이 높은 주거 생활	교통 소비자 이용·권리 강화
대도시권 연계 분산형 지역 네트워크 구축	지역 생활권 개발 및 중심시가지 재생	모두가 누릴 수 있는 복합 주거생활 공간 조성	막힘 없는 교통 베리어 프리 (Barrier Free)

국토교통부(2016), 국토교통 비전 2045 수립을 위한 연구 재구성

우리 국토의 미래상 4. 오감만족 즐거운 생활

국토·인프라	도시·지역	주거·생활	이동·수송
이용자 체감형 디지털 문화 공간	문화자산 & 기술의 융·복합 공간	거주 공간의 특성화·다양화	즐거운 주행
현실과 가상의 융합을 통한 국토 공간의 감성 놀이터화	첨단기술 기반 지역 명물 랜드마크 조성	내가 원하는 주택 보편화	모빌리티 다양화 및 엔터테인먼트화

국토교통부(2016), 국토교통 비전 2045 수립을 위한 연구 재구성

건설산업 디지털화의 기대효과

건설산업은 기술변혁이라는 거대한 환경변화에 맞서 새로운 도전을 이어나가고 있다. 건설산업의 디지털화는 아직은 소수 기업에 의해 준비 단계에 있지만, 결국 변해야 살아남을 수 있기 때문에 방향성 자체는 변하지 않을 것으로 보인다. 특히, 건설산업의 문제점으로 제기되는 정체된 생산성, 낮은 수익성, 높은 수작업 비중과 재해율 등을 극복하기 위해서라도 변화는 선택이 아니라 필수다.

미래 건설산업은 거스를 수 없는 4차 산업혁명 요소 기술들을 바탕으로 디지털화될 것으로 보인다. 이는 건설산업의 생산체계뿐만 아니라 시장 전반의 변화를 촉진할 것으로 보인다. 건설산업은 기존 경험 의존적 산업에서 디지털 기술의 융합으로 업무 생산성 향상, 원가 절감 및 공기 단축, 건설인력의 양질화가 가능해질 것으로 기대된다.

건설산업의 디지털화는 실현 과정에서 상당한 진통과 혼란이 나타날 수 있다. 초기에는 생산성은 낮아지고, 공사비는 오히려 증가할 수 있기 때문이다. 그러나 건설산업 내 디지털 혁신이 보편적으로 작동하게 된다면 많은 부문에서 긍정적 효과가 나타날 것으로 보인다.

건설산업의 디지털 혁신 수준을 제조업 수준까지 끌어올리면 생산성이 20% 이상 증가할 것으로 예상되며, 건설 밸류체인 전반에 있어 양질의 새로운 일자리 역시 창출될 것으로 기대된다. 또한 시공품질의 개선은 물론 사고율, 환경, 공사비에 있어서도 기존에 비해 혁신적으로 개선이 가능하다.

한국판 뉴딜의 선도적 역할과 지속가능한 산업기반 마련을 위해 건설산업 내 디지털 기반의 혁신은 반드시 필요하다.

건설산업 디지털화의 부문별 기대효과

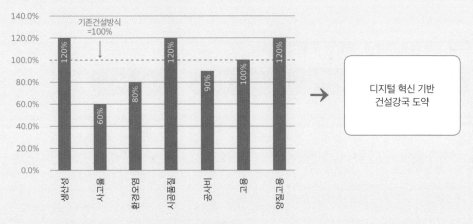

자료: 대한건설정책연구원(2020), 디지털 경제 가속화에 따른 건설산업 혁신 방안

참고문헌

참고문헌

건설근로자공제회(2020), 건설근로자 종합생활 실태조사 보고서.

구형수 외(2016), 저성장시대의 축소도시 실태와 정책방안 연구, 국토연구원.

국토교통과학기술진흥원(2019), 국토교통 기술수준 분석.

국토교통부(2016), 국토교통 비전 2045 수립을 위한 연구.

국토교통부(2021), 건설기계 수급조절 연구.

국토교통부(2021), 주거실태조사.

국토교통부(2021), 해외건설 완전정복 가이드 북.

금융위원회(2020), 2019년 금융소비자 보호 국민인식조사.

김성일 외(2015), 건설공사 참여자간 불공정거래관행 개선방안 연구, 국토연구원.

김태준(2020), 건설 외감기업 경영실적 및 한계기업 분석, 대한건설정책연구원.

나경연·최은정(2019), 건설업 외국인근로자 적정규모 산정 연구, 한국건설산업연구원.

대신증권(2021), 프롭테크 4.0시대, 부동산산업 새 옷을 입다.

대한건설성책연구원(2020), 2019년 기순 전문건설업 완성공사원가 통계.

대한건설정책연구원(2020), 디지털경제 가속화에 따른 건설산업 혁신 방안.

대한건설정책연구원(2020), 지속가능 성장을 위한 건설산업의 그린뉴딜 추진과제.

대한건설정책연구원(2021), 지표로 보는 건설시장과 이슈 제1호, 제2호.

대한건설협회(2020), 2019년 기준 완성공사원가 통계.

대한건설협회·한국건설산업연구원(2017), 한국건설통사 Ⅰ~Ⅵ, 건설경제.

라나 포루하(2018), 메이커스 앤드 테이커스, 부키.

매경이코노미(2021), ESG가 돈이다, 제2091호.

박선구·김정주(2016), 전문건설공제조합 사업확대 방안 검토, 대한건설정책연구원.

박선구·김태준(2013), 건설기계대여금 지급보증 도입의 문제점과 개선방안, 대한건설정책연구원.

박선구·김태준(2015), 소규모 리모델링 시장의 실태 및 정상화 방안, 대한건설정책연구원.

박선구·정대운(2016), 전문건설업 업종별 자재시장 기초 연구, 대한건설정책연구원.

박선구 외(2016), 전문건설업체 경쟁력 강화 전략 연구, 대한건설정책연구원.

박선구(2019), 인프라 패러다임 전환, 건설산업의 역할과 미래, 뉴스1 건설부동산 포럼.

박선구(2020), 건설관련 공제조합 준조합원제도 도입 방안, 대한건설정책연구원.

박선구(2020), 건설투자 적정성에 대한 논의 및 시사점, 대한건설정책연구원.

박선구·이바울(2020), 신남방국가, 건설시장 국가리스크 접근 방법, 신남방경제연구회.

박선구(2021), 지속가능한 발전을 위한 건설산업 ESG 조성방안, 대한건설정책연구원.

삼정KPMG(2021), ESG의 부상, 기업은 무엇을 준비해야 하는가?

시사IN(2019), 소리없이 번지는 도시의 질병(특집기사).

신영증권(2019), 한국형 리모델링 서비스산업의 시작.

신영증권(2021), 건설·건자재 ESG Check.

심규범(2019), 건설현장의 고령자 취업실태와 정책과제, 국회토론회.

오세영(2020), 정부부문 부패실태에 관한 연구, 한국행정연구원.

오토데스크(2020), 디지털 트렌스포메이션: 한국 건설산업, 커넥티드 컨스트럭션의 미래.

이베스트증권(2021), 2021, 공급전야.

이상호(2018), 인프라 평균의 시대는 끝났다, 건설경제.

이승복 외(2016), 건설시장여건 변화에 대응한 건설업 체계 합리화 방안 연구, 국토연구원.

이코노미조선(2021), MZ 이코노미, 제397호.

이코노미조선(2021), 인플레이션의 귀환, 제400호.

이형찬 외(2021), 부동산자산 불평등의 현주소와 정책과제, 국토연구원.

최은정(2020), 건설업 이미지 현황 및 개선방안, 한국건설산업연구원.

통계청(2020), 건설업조사 보고서.

통계청(2020), 장래인구추계.

한국건설기술연구원(2019), 건설산업 글로벌 경쟁력 평가의 시사점 및 정책과제.

한국건설기술연구원(2019), 건설정책연구 발전 전략.

한국건설산업연구원(2020), 2030 건설산업의 미래와 수요.

한국경제(2018), '준비 못한 5060, 인력시장에 꾸역꾸역…한달 절반은 공쳐요' 기사 자료.

한국고용정보원(2020), 한국의 지방소멸위험지수 2019 및 국가의 대응전략.

한국은행(2020), 기업경영분석.

한국이민학회(2018), 건설업 외국인력 실태 및 공급체계 개선 방안.

해외건설정책지원센터(2020), ENR 기준 2019년 해외건설 매출실적 보고.

허민영(2018), 주택수리 및 인테리어 시장의 소비자문제 개선방안 연구, 한국소비자원.

현대경제연구원(2014), 통일 한국의 12대 유망산업.

홍성호·김정주(2020), 건설 하도급 완성공사 원가 통계, 대한건설정책연구원.

황정환(2019), 건설산업 고도화를 위한 생산성 제고방안, KDB산업은행.

Bon(1992) The future of international construction, Habitat. Int.

Burns & Grebler(1977) hypothesized that the ratio of housing investment to GDP is linked to the stage of economic development in an inverted U-shape manner.

Choy(2011) Revisiting the Bon curve, Construction Management and Economics.

Gruneberg(2010), Does the Bon curve apply to infrastructure markets?, UK, Association of Researchers in Construction Management.

Hodrick, Robert J., and Edward C. Prescott(1980), "Post-war U.S. business cycles: An empirical investigation," mimeo, Carnegie-Mellon University.

Kuznets(1961), Capital in the American Economy: Its Formation and Financing, Princeton University Press.

Porter, M. E.(1998), Competitive Advantage: Creating and Sustaining Superior Performance, Free Press.

World Bank(2020), Ease of Doing Business index.

이 코 노 컨 스 트 럭 션

초판 1쇄 2021년 11월 25일

엮은이   대한건설정책연구원
지은이   박선구 권주안
펴낸이   서정희
펴낸곳   매경출판㈜
책임편집 고원상
마케팅   강윤현 이진희 장하라

매경출판㈜
등록   2003년 4월 24일(No. 2-3759)
주소   (04557) 서울시 중구 충무로 2(필동1가) 매일경제 별관 2층 매경출판㈜
홈페이지 www.mkbook.co.kr
전화   02)2000-2630(기획편집) 02)2000-2636(마케팅) 02)2000-2606(구입문의)
팩스   02)2000-2609 이메일 publish@mk.co.kr
인쇄·제본 ㈜M-print 031)8071-0961
ISBN   979-11-6484-351-0(03540)